人氣吧台師
創意飲品MENU

瑞昇文化

CONTENTS

閱讀本書之前

....

● 本書是月刊雜誌「Café & Restaurant（カフェ＆レストラン）」（旭屋出版）2012年12月號～2014年12月號內刊載的飲品。本書中增加了調製方法與說明。

● 本書所介紹的飲料也包含了店家目前已不供應的飲品、季節限定飲品、試作品等。

● 材料或份量的標示方法基本上是根據各店刊載。內容中也加註了材料或作法上的小訣竅，敬請參考。

● 材料的測量單位為1大匙＝15ml、1小匙＝5ml、1ml＝1cc。標示為適量時，請使用個人喜好的份量。份量可能會需要依玻璃杯或其他杯款進行調整。

● 作法說明中原則上省略水果或蔬菜的前置處理（清洗、削皮、去蒂頭等）。

● 各店的營業時間或公休日等資訊為2015年4月當時的資料。

CHAPTER 1

冰沙 & 凍飲

Smoothie&Frozen Drink

青苔
spoony cafe

在酪梨與香蕉的綜合冰沙中，裝入濃醇的香草冰淇淋，然後用削成細碎狀態的綠色海綿蛋糕體裝飾。勾勒出青苔綠意盎然又清新的感覺，是獨具創意的一道佳作。冰沙使用女性喜愛的酪梨，裝飾則採用菠菜風味的海綿蛋糕體，創造出健康之感。

材料（1杯的量）

酪梨…1/4個　香蕉…1根
牛奶…100ml
冰塊（碎冰）…100ml
口香糖糖漿（Gum Syrup）…約5ml
香草冰淇淋…1大杓
菠菜風味的海綿蛋糕體…適量

作法

1. 將酪梨、香蕉、牛奶、冰塊、口香糖糖漿放進攪拌機內，充分攪拌混合。
2. 將1倒進玻璃杯，上方擺放香草冰淇淋，旋轉繞圈般圍住冰沙。
3. 在香草冰淇淋的上方擺放削成細碎的菠菜風味的海綿蛋糕體。

Point

冰沙質地柔細，擺放香草冰淇淋時要格外注意以免溢出。

咖啡凍冰沙（椰子）
CAFFE SCIMMIA ROSSO

CAFFE SCIMMIA ROSSO店內兩大招牌菜單─店家自製咖啡凍「咖啡果凍」和冰沙的組合。咖啡凍做成稍微軟嫩的狀態。冰沙口感則做得比一般的更為濃郁，藉以追求味道均衡以及作為飲料品嚐時的順口程度。椰子風味柔順突出也是一大特色。

材料（1杯的量）

巧克力醬…適量
咖啡凍（※）…80g
牛奶…40ml　椰子糖漿…30ml
香草冰淇淋…30g　冰塊（立方體）…130g
淡奶油…適量　薄酥餅…1片

作法

1. 玻璃杯的側面用巧克力醬繪出圖案備用。
2. 將咖啡凍放入玻璃杯，份量約玻璃杯一半的高度。
3. 將牛奶、椰子糖漿、香草冰淇淋、冰塊放進果汁機內，充分攪拌混合。
4. 將3放進2裡，做出高度。
5. 擠入淡奶油，淋上巧克力醬，再以薄酥餅裝飾。

※咖啡凍的作法

用適量的水溶解粉末狀的吉利丁（14g），再倒進冰咖啡1ℓ內，充分攪拌混合後，放進冰箱冷卻凝固。

白熊冰沙

CAFFE SCIMMIA ROSSO

靈感來自九州的特色冰品「白熊」。增加冰塊的份量，把冰沙凝固地更硬一些，藉此做出立體造型，將外觀設計成聖代的模樣。剛開始品嚐時會有吃刨冰的口感，溶解後則能享受到變化成飲料的樂趣。

材料（1杯的量）

牛奶…60ml
煉乳…40ml
香草冰淇淋…40g
冰塊（立方體）…190g
紅豆餡…50g
橘子罐頭（冷凍的）…2瓣
鳳梨罐頭（冷凍的）…1切片
水蜜桃罐頭（冷凍的）…1/2個
淡奶油…適量
薄酥餅…1片

作法

1. 將牛奶、煉乳、香草冰淇淋、冰塊放進果汁機內，充分攪拌混合。
2. 在冰涼的玻璃杯底部放入紅豆餡20g。
3. 將一半的1倒進2內，再將各種水果取出一半的量並分別切小，放進玻璃杯的周圍。
4. 倒入剩下的冰沙並做出高度。
5. 擺放紅豆餡30g、剩下的水果、淡奶油、薄酥餅。

奶油水果蛋糕夢想者

spoony cafe

嘗試將草莓口味的奶油水果蛋糕做成飲料，外觀的震撼力也很驚人。吸管上插著小蛋糕展現玩心，同時也是吸引顧客目光的小訣竅。用於香草雪克的冰淇淋，則選用乳脂肪含量較高的濃醇口味，使整體口感更加出色。

材料（1杯的量）

草莓醬⋯2大匙
香草冰淇淋⋯4杓
牛奶⋯45ml
冰塊（碎冰）⋯100ml
海綿蛋糕體⋯50g
草莓（切薄片）⋯1個的量
奶油水果蛋糕（5cm x 5cm的正方形）⋯1個
草莓（裝飾吸管用）⋯1個

作法

1. 在玻璃杯中央位置用草莓醬做出繞圈迴旋的模樣，放進冷凍庫冷卻備用。
2. 將香草冰淇淋、牛奶、冰塊放進攪拌機內，充分攪拌混合。
3. 在1的玻璃杯底部放入海綿蛋糕體，然後將切成薄片的草莓塞在上層，之後再倒入2。
4. 將奶油水果蛋糕穿刺在吸管上（用吸管刺穿奶油水果蛋糕中夾入的草莓，即可穩固不易脫落，然後固定在較高的位置），頂端處再插上草莓。

Point

倒入香草雪克時要格外注意，勿讓香草雪克流入草莓和玻璃杯之間，即可做出漂亮的成品。

莓果綜合冰沙
ALOHA LOCO CAFE by Funky B2 Garden

使用藍莓、覆盆子、黑莓等3種莓果製成的冰沙。濃醇的香蕉加
上酸甜的莓果，做出清爽口感的舒暢滋味。也可以採用優格取代
冰淇淋，會更符合健康概念。

材料（1杯的量）

香蕉（冷凍）…1根
綜合莓果（冷凍）…100g
冰塊（立方體）…2～3個
香草冰淇淋…50ml
無糖優格…50ml
裝飾用綜合莓果（冷凍）…適量

作法

1. 折斷香蕉放進果汁機內。
2. 緊接著將綜合莓果、冰塊、香草冰淇淋、優格按照順序放入，利用果汁機充分攪拌混合。
3. 使用長匙放進玻璃杯內，裝飾綜合莓果。

Point

在攪拌時暫停果汁機，利用長匙一邊攪拌一遍製作，能使香蕉和綜合莓果達到均等的細緻程度。

草莓、覆盆子、血橙的
鮮紅冰沙
Glorious Chain Café

鮮豔紅色、引人側目的冰沙。餘韻無窮的甘甜味，是極富魅力的血橙
和酸甜交織的莓果類混合後的滋味。彷彿是品嚐紅葡萄酒般，特意使
用紅酒玻璃杯，讓時尚感也一同倍增。

材料（1杯的量）

血橙（果汁）…100ml
草莓（冷凍）…3粒
覆盆子（冷凍）…8粒
冰塊（立方體）…5個
口香糖糖漿…5ml　薄荷葉…適量

作法

1. 薄荷葉以外的材料全都放進攪拌機內充分攪拌混合。
2. 倒進玻璃杯，裝飾薄荷葉。

酸甜莓果
冰沙
Cafe Kurata

以3種莓果不同的酸味帶出清爽感，即使用攪拌機攪拌仍會殘留顆粒，口感十分有趣。在酸味強的莓果類當中加入甜味重的香蕉，綜合風味使美味倍增。此外，在裝飾用的水果上塗抹鏡面果膠呈現光澤，能展現甜點般的特殊氣氛。

材料（1杯的量）

牛奶…90ml
蜂蜜…6g
綜合莓果（藍莓、黑莓、覆盆子，皆為冷凍品）…50g
香蕉（冷凍）…80g
純優格（保加利亞優格）…90g
裝飾用綜合莓果（冷凍）…適量
鏡面果膠…適量
薄荷葉…適量

作法

1. 牛奶中加入蜂蜜，用打蛋器攪拌溶解。
2. 將1和綜合莓果、香蕉、純優格放進攪拌機內，充分攪拌混合。莓果類很容易卡在攪拌機的刀刃之間，必須充分確認是否已呈糊狀。
3. 倒進玻璃杯，裝飾綜合莓果。
4. 在裝飾的綜合莓果上塗抹鏡面果膠，再裝飾薄荷葉。

Point

冷凍已充分成熟的水果，利用水果本身的糖度帶出甜味。

綜合莓果冰沙

6+E UNITED cafe

在覆盆子和藍莓為主體的冰沙中利用薄荷提味。在容易偏甜膩的經典冰沙內添加清涼感，做出能在炎炎夏日大口豪飲的飲品。甜酒能賦予味道濃郁與深度，做出具高級奢侈感的濃醇風味。

A

覆盆子（冷凍）…50g
藍莓（冷凍）…50g
薄荷葉…4片　煉乳…25ml
甜酒…110ml

覆盆子、藍莓（冷凍）…適量
薄荷葉…適量

作 法

1. 將A放進細長的調理杯內，用Bamix電動手持攪拌器混合。
2. 倒進玻璃杯後，擺上裝飾用的覆盆子、藍莓、薄荷葉。

Point

甜酒必須充分冷卻備用。

今日冰沙

酵素食道　Rainbow Raw Food

以每天更換菜單的方式提供不同口味的蔬菜冰沙。為了不讓客人感覺到葉菜特有的氣味或苦味，會均衡地放入水果調整風味。特別是蘋果，它是適合搭配任何蔬菜的萬能水果。葉菜類蔬菜除了日本茼蒿或青江菜等以外，也會選用其他當季蔬菜。

材料（1杯的量）

柳橙…1/2個
香蕉…1/2根
蘋果…1/2個
葉菜（小松菜、菠菜等）…25g

作法

1. 各材料切成適當大小。
2. 將柳橙、香蕉、蘋果、葉菜按照順序放進果汁機內充分攪拌混合。

蔬菜冰沙

Cafe Kurata

大量使用當地農家栽種的新鮮小松菜2把，不添加甜味劑或乳製品，是健康取向的女性們最喜愛的一道飲品菜單。加入檸檬汁能去除小松菜的草腥味，也能突顯水果本身的甘甜。使用已完全成熟的冷凍水果。

材料（1杯的量）

A
鳳梨（冷凍）…70g
奇異果（冷凍）…50g
香蕉（冷凍）…50g
小松菜…40g
檸檬汁…適量　水…80ml
冰塊（立方體）…1個
鳳梨…適量
切成圓片的奇異果…1片

作法

1. 將A的材料全部放進攪拌機內，充分攪拌混合。
2. 倒進玻璃杯，裝飾鳳梨、奇異果。

Point

放入多種水果，能使酸味和甜味達到均衡，增添美味。

蔬菜冰沙

6+E UNITED cafe

在香蕉、蘋果、小松菜當中加入了能感覺蔬菜清脆感的小豆苗；因此能在深刻濃郁的鬱蔥香味中，品嚐到清晰的辛辣感從後方湧出。香蕉使用冷凍的，其他材料則是在充分冷卻下，以冰涼透徹的狀態提供。

材料（1杯的量）

A
香蕉（冷凍）…1根
蘋果…1/3個
小松菜…25g
小豆苗…6g
薄荷葉…2片
甜酒…100ml
檸檬汁…5ml
細葉芹or薄荷葉…適量

作法

1. 將A放進細長的調理杯內，用Bamix電動手持攪拌器混合。
2. 倒進玻璃杯，裝飾細葉芹or薄荷葉。

巴西莓冰沙

巴西莓和香蕉的綜合冰沙
ALOHA LOCO CAFE by Funky B2 Garden

以香蕉為基底的冰沙中，添加營養價值高、深受女性關注的水果「巴西莓」。混合了類似藍莓的酸甜風味，使整體口感變得順口美味。是容易聯想到夏威夷食物的素材，而且還增加了時尚感。

材料（1杯的量）

香蕉（冷凍）…1根
巴西莓果泥（冷凍）…100g
冰塊（立方體）…2〜3個
香草冰淇淋…50ml
無糖優格…50ml
裝飾用香蕉…切薄片3片
藍莓…2粒

作法

1. 折斷香蕉放進果汁機內。
2. 緊接著，將巴西莓果泥、冰塊、香草冰淇淋、優格按照順序放入，利用果汁機充分攪拌混合。
3. 整體呈濃稠狀後倒進玻璃杯，以香蕉和藍莓裝飾。

Point

將一整根香蕉用保鮮膜包裹起來，再用手壓平後冷凍備用，可以節省用菜刀切斷的時間和力氣，能盡早混合。

蜂蜜巴西莓冰沙
Cafe Ohana

以人氣上升中的巴西莓為主角製成冰沙，深受重視健康和美容的女性們喜愛。無糖的巴西莓約略帶有獨特的腥澀味，然而，食用對身體有益食物的意識高漲，因而刻意留下巴西莓獨具的腥澀味，同時混入日本國產的蜂蜜，做出滑順圓潤的口感。

材料（1杯的量）

無糖巴西莓果漿（冷凍）…100g
冰塊（3mm塊狀的立方體）…2個
甜豆漿…200ml
蜂蜜…適量

作法

1. 將冷凍的巴西莓果漿直接切成一定程度的細碎狀後放進果汁機內，加入冰塊、豆漿、蜂蜜，充分攪拌混合。

芒果冰沙

芒果冰沙
Cafe Kurata

在新鮮的狀態下冷凍完全成熟的蘋果芒果，奢侈地使用。如果只用芒果，會使甜味過於強烈，利用柳橙和優格的酸味調和，做出均衡的風味。可以一邊飲用冰沙，一邊食用切成塊狀裝飾的芒果，是具有滿足感的飲品傑作。

材料（1杯的量）

蘋果芒果（冷凍）…100g
純優格（保加利亞優格）…50g
無糖豆漿…40ml
100%柳橙汁…50ml
蜂蜜…10ml
冰塊（立方體）…3個
裝飾用的蘋果芒果（切成塊狀）…適量

作法

1. 除了裝飾用的蘋果芒果外，其他材料全部放進攪拌機內，充分攪拌混合。
2. 倒進玻璃杯，擺放切成塊狀的芒果。

Point

冷凍的芒果要盡量切成小塊後再放進攪拌機內，如此一來，能夠混合得更加均勻。

香蕉摩卡冰沙

AIRSIDE CAFE

在一整根完全成熟的香蕉上淋上巧克力醬，做成甜點飲料。巧克力醬選擇不會太甜且能充分品嚐到巧克力感的HERSHEY'S巧克力，藉以突顯出香蕉自然的甜味。裝飾的香蕉片帶有酥脆感，是一大亮點。

材料（1杯的量）

香蕉…1根
HERSHEY'S巧克力醬…40ml
牛奶…60ml
冰塊（立方體）…150g
香蕉片…3片
可可粉…適量
裝飾用的HERSHEY'S巧克力醬…適量
薄荷葉…適量

作法

1. 在攪拌機內放入香蕉、巧克力醬、牛奶、冰塊充分攪拌混合。
2. 確認冰塊已徹底弄碎後，倒進玻璃杯。
3. 以香蕉片、可可粉、巧克力醬裝飾，再依個人喜好裝飾薄荷葉。

Point

如果使用正在溶解的冰塊，會使成品稀稀水水的，因此必須使用完全呈凝固狀態的冰塊。

巧克力
薄荷冰沙

巧克力薄荷香蕉雪克冰沙
cafe Tokiona

以份量充足的巧克力和香蕉，做出甜味豐富的奶霜濃醇口感，是一大特色。能分辨出巧克力薄荷中的可可、牛奶、豆漿、香草冰淇淋、香蕉等各種食材的均衡風味。利用杏仁碎粒提味，整體飄散著微微香氣。

材料（1杯的量）

A
- GHIRARDELLI 巧克力薄荷可可…1大匙
- 牛奶…50ml　豆漿…30ml
- 香草冰淇淋…20ml
- 香蕉…1/2根　杏仁碎粒…1撮
- 冰塊（立方體）…5個

巧克力醬…適量
薄荷葉…適量

作法

1. 將 A 放進果汁機內充分攪拌混合。
2. 倒進玻璃杯，用巧克力醬橫向繪出鋸齒波紋的圖案。
3. 再從巧克力醬的相反方向，用牙籤縱向刮過表面、劃出紋路。
4. 裝飾薄荷葉。

Point

建議使用美國知名老店的巧克力品牌「GHIRARDELLI」的巧克力薄荷可可。

巧克力
香蕉冰沙

巧克力脆片＆香蕉的
巧克力薄荷冰沙
Glorious Chain Café

享受香蕉、巧克力、薄荷美好調和的冰沙。品嚐到甜味之後，薄荷清爽的餘韻在口中擴散。擠入充足的鮮奶油，淋上巧克力醬，做成可以飲用的甜點感覺。

材料（1杯的量）

- 牛奶…100ml
- 香蕉（冷凍）…1/2根
- 調溫巧克力…7個（可用市售的板狀巧克力約1/3片代用）
- MONIN綠薄荷糖漿…25ml
- 冰塊（碎冰）…適量
- 鮮奶油…適量
- 巧克力糖漿…適量
- 薄荷葉…適量

作法

1. 將牛奶、香蕉、調溫巧克力、薄荷糖漿、冰塊放進攪拌機內，充分攪拌混合。
2. 紅葡萄酒倒進玻璃杯，擠入打至8分發的鮮奶油，淋上巧克力糖漿。完成時再以薄荷葉裝飾。

多層次冰沙

彩虹冰沙

酵素食道　Rainbow Raw Food

按照順序注入綠色蔬菜、鳳梨＆芒果、綜合莓果的冰沙，在玻璃杯中做出美麗層次的多彩飲品。完全不使用水或果汁，只利用素材本身釋出的水分製作，即使經過一段時間口感依然不會變淡或變稀，能讓美好滋味持續到最後一口。

材料（1杯的量）

A
└ 小松菜…20g　香蕉…1根　柳橙…1/2個
B
└ 鳳梨…1/8個　芒果…50g
C
└ 綜合莓果…60g　柳橙…1/4個
└ 蘋果…1/4個
裝飾用的藍莓…1粒
裝飾用的覆盆子…1粒

作法

1. 將材料切成適當大小，分別將A、B、C放進果汁機內充分攪拌混合。
2. 在紅酒玻璃杯內依序注入A、B、C，做出色彩不同的三個層次，再以藍莓和覆盆子裝飾。

阿羅哈芒果加黑櫻桃的雙倍冰沙

Cafe Ohana

以一般量的2倍（約760ml）供應，是雙倍份量的冰沙組合。夏季時，有許多客人食用這道雙倍冰沙來取代正餐。黑櫻桃的冰沙，是以可飲用的冰淇淋為構思藍圖製成的甜味飲品。

材料（1杯的量）

A. 阿羅哈芒果（Aloha Mango）冰沙
- 芒果（冷凍）…120g
- 芒果汁…100ml
- 甜豆漿…80ml
- 冰塊（30mm塊狀的立方體）…2個

B. 黑櫻桃冰沙
- 黑櫻桃（冷凍，去籽）…80g
- 甜豆漿…160ml
- 鮮奶油…20ml
- 冰塊（30mm塊狀的立方體）…5個
- 黑櫻桃糖漿…20ml
- 口香糖糖漿…適量

作法

1. 分別用不同果汁機放入A和B各自的材料，充分攪拌混合。
2. 將A倒進玻璃杯後再倒入B。

Point

芒果是重要素材，品種不同時，其甜度和口感也完全不同，必須挑選符合個人喜好的品種。

椰子鳳梨冰沙

Brooklyn Parlor 新宿

在鳳梨和香蕉當中添加椰子風味，是飄散南國香氣的冰沙。冷凍水果的清脆口感極有魅力。椰子糖漿的口感與牛奶契合，更增添了圓潤風味與香氣。

材料（1杯的量）

鳳梨…60g
香蕉（冷凍）…30g
椰子糖漿…10ml
鳳梨汁…150ml
冰沙基底
┌ 牛奶…50ml
└ 口香糖糖漿…6ml
冰塊（碎冰）…20ml
裝飾用的鳳梨…適量
薄荷葉…適量

作法

1. 除了裝飾用的鳳梨和薄荷葉以外，將全部材料放進攪拌機內充分攪拌混合。

2. 倒進玻璃杯，再擺放鳳梨和薄荷葉裝飾。

堅果奶香冰沙（草莓牛奶風味）

酵素食道 Rainbow Raw Food

提供Raw Food（不加熱超過48℃，添入原始生酵素的烹調法）的咖啡店冰沙。加入生杏仁取代豆漿，做出宛如豆漿般的濃醇滑順感。堅果的風味很適合搭配草莓或香蕉。

材料（1杯的量）

香蕉（冷凍）…1根
草莓（冷凍）…3粒
杏仁（切薄片）…30g
水…160ml
楓糖糖漿…適量

作法

1. 香蕉切成一半。

2. 楓糖糖漿以外的材料全部放進果汁機內充分攪拌混合。

3. 試試味道，再加入楓糖糖漿調整成個人喜愛的甜度。

Point

生杏仁先泡水再乾燥，以去除酵素抑制物質，可以減輕消化負擔。

玄米冰沙

煎焙玄米香蕉豆漿冰沙

酵素食道　Rainbow Raw Food

以煎焙香氣濃郁的煎焙玄米粉和冷凍香蕉、豆漿製成的冰沙。煎焙玄米粉能溫熱身體，具有促進體內重金屬排出的作用，是未加工品生食時經常使用的食材。完成後也在上面撒上大量煎焙玄米粉，提高煎焙香氣。

材料（1杯的量）

豆漿…150ml
香蕉（冷凍）…1根
煎焙玄米粉…1大匙
裝飾用的煎焙玄米粉…適量

作法

1. 香蕉切成一半，和其他材料一起放進果汁機內充分攪拌混合。
2. 倒進玻璃杯，撒上煎焙玄米粉。

Point

香蕉太大不易混合時，可增加豆漿份量稍作調整即可。

豐富的皇家奶茶冰沙

cafe Tokiona

在紅茶果凍上，注入皇家奶茶與紅茶冰淇淋製成的冷凍雪泥，徹底展現紅茶風味的飲品。能品嚐到位於玻璃杯底部、口感晶瑩剔透的紅茶果凍，讓喝飲料增添不少趣味。是紅茶愛好者愛不釋手的逸品。

材料（1杯的量）

A
　皇家奶茶…50ml　牛奶…50ml
　紅茶冰淇淋…50g　口香糖糖漿…20ml
　冰塊（立方體）…7個
紅茶果凍…30g　淡奶油…適量
可可粉…適量
細葉芹or薄荷葉…適量

作法

1. 將A放進果汁機內充分攪拌混合。
2. 將紅茶果凍放進玻璃杯，再注入1。
3. 頂部擠入淡奶油，撒上可可粉，再用細葉芹or薄荷葉裝飾。

皇家
奶茶冰沙

021

檸檬冰沙

檸檬冰沙
Cafe Ohana

搾出整顆檸檬的汁,再加入檸檬酸,做成強調酸味特色的冰沙凍飲。強調素材本身的「獨特個性」,藉以創造出趣味感,是Cafe Ohana店內風格獨具的飲品菜單。整年度皆有供應,特別在炎熱夏季正式來臨時經常一躍成為客人「極度想喝」的主力商品。

材料(1杯的量)

檸檬…1個
冰塊(30mm塊狀的立方體)…7個
水…80ml
蜂蜜…30ml
檸檬酸…適量

作法

1. 檸檬削皮、去籽後,放進果汁機內。
2. 加入剩下的材料,充分攪拌混合。

Point

保留少許檸檬皮一起攪拌混合,會使口感更有趣、多變。

鳳梨＋香檸檬冰沙

香檸檬鳳梨冰沙
6+E UNITED cafe

使用有機栽培的香檸檬和鳳梨,製成清爽度滿點的冰沙。以冰沙中少見的黃色色調為形象,使用香檸檬以及與香檸檬酸味契合的鳳梨。完成時,撒上磨成泥狀的香檸檬的皮,用鮮明且強調的香氣包裹整杯冰沙。

材料(1杯的量)

A
　鳳梨(罐頭裝)…120g
　香檸檬(去籽)…1/2個
　甜酒…60ml
薄荷葉…適量
香檸檬的皮(磨成泥)…適量

作法

1. 將A放進細長的調理杯內,用Bamix電動手持攪拌器混合。
2. 倒進玻璃杯,以薄荷葉裝飾,再撒上香檸檬的皮。

香蕉＋
甜酒冰沙

甜酒香蕉冰沙
6+E UNITED cafe

經典的香蕉冰沙。完全不使用乳製品和砂糖，採用甜酒大
膽地調製。以甜酒代替牛奶或優格等的水分，做成低熱量
且營養價值高又對美容有益的飲品佳作。加入檸檬，做出
清爽的後韻。

材料（1杯的量）

A
　香蕉（冷凍）…1根
　甜酒…180ml　檸檬汁…5ml
切成圓片的檸檬…1片
薄荷葉…適量
細葉芹…適量

作法

1. 將A放進細長的調理杯內，用
   Bamix電動手持攪拌器混合。
2. 倒進玻璃杯，以切成圓片的檸
   檬、薄荷葉、細葉芹裝飾。

Point

香蕉使用冷凍的，甜酒則充分冷
卻後再使用，可以做出更美味的
成品。

黑豆粉＋
香蕉＋
咖啡

黑豆粉
香蕉咖啡冰沙
Cafe Kurata

使用原創特調的冰咖啡，以及大分縣玖珠的農家手工製造
的無農藥黑豆粉。咖啡香與現磨黑豆粉的煎焙香氣柔順地
在口中擴散，風味宜人。由於能以咖啡飲品的感覺飲用，
因此也有眾多男性愛好者。

材料（1杯的量）

冰咖啡…50ml
牛奶…100ml
黑豆粉…4g
蜂蜜…10ml
香蕉（冷凍）…100g
冰塊（立方體）…1個
裝飾用黑豆粉…適量
咖啡豆…1粒

作法

1. 在攪拌碗等容器內一起測量冰咖
   啡、牛奶。
2. 將黑豆粉、蜂蜜放進1裡，用打蛋
   器輕輕攪拌溶解。
3. 將2和香蕉、冰塊放進攪拌機
   內，充分攪拌混合。
4. 倒進玻璃杯，撒上黑豆粉再放上
   咖啡豆。

新阿芙佳朵
Per Tossini

西西里島夏季經典甜點「冰沙雪泥」的特調創意飲品。在含有香草冰淇淋的雪泥上方另外擺放一球香草冰淇淋即完成。在法布奇諾（星冰樂）裡加入濃縮咖啡，然後在旁邊另外提供一份濃縮咖啡，以雙份濃縮咖啡混合，襯托出冰沙雪泥本身的甜味。

材料（1杯的量）

濃縮咖啡Espresso…25ml
牛奶…30ml
口香糖糖漿…10ml
香草冰淇淋…50g
冰塊（立方體）…90g
裝飾用的香草冰淇淋…100g
焦糖醬…適量
濃縮咖啡Espresso（另外提供）…25ml

作法

1. 將濃縮咖啡Espresso、牛奶、口香糖糖漿、香草冰淇淋、冰塊等材料放進攪拌機內，攪拌混合至冰塊碎片滑順為止。
2. 將1倒進玻璃杯，以香草冰淇淋和焦糖醬裝飾。
3. 供應時，要在旁邊另外提供一杯濃縮咖啡。

CHAPTER 2

軟性飲料

Soft Drink

夏威夷風味鮮果汁

honohono cafe

配合夏威夷語的店名所構思的飲品。以椰子和百香果這2種糖漿為基調，展現出熱帶氣氛。水果風味顯著卻不會太甜，碳酸刺激性的口感突出，舒暢好喝的風味極有魅力。

材料（1杯的量）

椰子糖漿…15ml
百香果糖漿…15ml
荔枝汁…30ml
冰塊（碎冰）…適量
碳酸水…90ml
鳳梨（冷凍）…5g

作法

1. 在玻璃杯內放入椰子糖漿、百香果糖漿、荔枝汁，充分攪拌混合。
2. 在玻璃杯內放入大量冰塊，注滿碳酸水，再以鳳梨裝飾。

檸檬蘇打水

cafe maasye

這道飲品能夠品嚐到檸檬的酸味。為了不要讓檸檬和碳酸味變淡，必須用冰塊充分冷卻玻璃杯後便拿出冰塊，再加入新的冰塊且必須控制在最少程度。店內提供客人可從三溫糖糖漿※、黑糖糖漿、楓糖糖漿、薄荷糖漿當中選擇甜味。

材料（1杯的量）

檸檬果汁…50ml
冰塊（立方體）…適量
碳酸水…100ml
切成圓片的檸檬…2片
薄荷葉…適量

作法

1. 搾出檸檬汁。
2. 在玻璃杯內放入冰塊混合，冷卻玻璃杯。
3. 倒掉溶解的冰塊，放入新的冰塊、碳酸水、檸檬果汁。
4. 以檸檬薄片、薄荷葉裝飾。
5. 提供時依個人喜好添加糖漿。

※三溫糖：是黃砂糖的一種，為日本的特產，常用於日本料理，尤其是日式甜點。

柑橘水果風味蜂蜜汽水

HITSUJI茶房（綿羊茶房）

蜂蜜的溫和甜味和柑橘類的酸味結合，做出好喝、清爽的蘇打汽水。事先將柑橘類浸漬在蜂蜜當中再冷凍，在客人點購後再分別現做。用果汁機輕輕攪拌保留果肉，或是充分攪拌做成冰沙狀態，可依個人喜好選擇成品風貌。

材料（1杯的量）

柑橘類的冰塊（※）…4～5大匙
碳酸水…250ml

作法

1. 用果汁機充分攪拌混合柑橘類的冰塊，做成冰凍果子露的狀態。
2. 放進玻璃杯內，用碳酸水混合稀釋。

※柑橘類冰塊（6杯的量）的製作方法

將葡萄柚1個、粉紅葡萄柚1個、柳橙1個去皮，從中取出果肉。剝成約一口的大小，連同蜂蜜350g一起放入冷凍用的容器內，輕輕攪拌混合後放進冷凍庫冷凍。

石榴和水蜜桃的果醋蘇打水

森之間 CAFE

在日本國產的水果醋中加入蜂蜜，再用碳酸水混合稀釋，做出酸酸甜甜的口感。這是開店以來的經典菜單，清爽暢快的入喉滋味更是盛夏季節的推薦首選。顏色美麗，尤其深受重視健康的女性喜愛。

材料（1杯的量）

冰塊（立方體）…適量
水蜜桃和石榴的水果醋（市售品）
　…30ml
蜂蜜…5ml　碳酸水…110ml
切成圓片的檸檬…1片
薄荷葉…適量

作法

1. 在玻璃杯內放入冰塊，加入醋、蜂蜜，充分攪拌混合。
2. 注入碳酸水。
3. 以檸檬、薄荷葉裝飾。

草本風味蘇打水

藥草 labo. 棘

在碳酸水和蘋果汁混合的飲料中放入多種藥草和水果，一邊搗碎一邊品嚐，享受其清爽的風味與香氣。利用各種當季素材呈現季節感，並做出味道的變化。蘋果汁也不只是有溫和的甜味，入喉的滋味也很暢快。藥草的香氣也很突出。

材料（1杯的量）

冰塊（立方體）…適量
蘋果汁…100ml
碳酸水…100ml
新鮮藥草（薄荷、香蜂草、迷迭香、百里香等）
　…1小撮
水果（柳橙、草莓、奇異果等）…適量

作法

1. 在玻璃杯內放入冰塊，注入蘋果汁和碳酸水。
2. 在盤子上盛放藥草和水果，與1一起提供給顧客。

Point

藥草選用葉片柔軟的會比較容易散發出香氣。

薑汁汽水
shima

使用店家自製的生薑糖漿，充分發揮生薑的辛辣特色。在糖漿內加入連皮的生薑，做出能品嚐到爽快香氣的薑汁汽水。薄荷的裝飾也為清爽風味增色不少。

材料（1杯的量）

生薑糖漿（※）…30ml
檸檬（果汁）…半個的量
碳酸水…150ml
冰塊（立方體）…適量
薄荷葉…適量

作法

1. 在玻璃杯內放入生薑糖漿，再加入擠壓器搾出的檸檬果汁。
2. 注入碳酸水快速攪拌混合，放入冰塊，再以薄荷葉裝飾。

※生薑糖漿的製作方法

將生薑200g用水徹底洗淨，連皮一起切成細碎末。在大鍋內放入生薑、粗糖400g、唐辛子（紅辣椒）2根、丁香適量、水400ml，用小火燉煮約2小時。出現濃稠感後關火直接放置一晚後，用篩網等過濾。

Point

生薑糖漿放入用熱水煮過的保存瓶內以冷藏保存。

柑橘醋生薑

AIRSIDE CAFE

在薑汁汽水內加入柚子的香氣,再加入
蘋果醋的圓潤酸味。有顧客重覆點購多
次,代表他們也同意它具有獨特而清新
的味道。用於提味而加入的蘋果醋,特
地使用醋本身獨特刺激味較少且口感圓
潤好入喉的Mizkan的商品。

材料(1杯的量)

冰塊(立方體)…適量
蘋果醋…15ml
薑汁汽水…適量
柚子果醬…2茶匙
薄荷葉…適量

作法

1. 在玻璃杯內放入冰塊,加入蘋果醋。
2. 注入薑汁汽水。
3. 放入柚子果醬,以薄荷葉裝飾。

Point

整體充分混合後即可品嚐。

店家自製「辣口」薑汁汽水
Glorious Chain Café

使用大量生薑熬煮，再用碳酸水稀釋濃醇的店家自製生薑糖漿製成。以爽快的入喉滋味和辛辣刺激的後味為其一大特徵。如字面文字所示，「辣口」風味令人著迷，是客群鎖定在成熟大人的薑汁汽水。

材料（1杯的量）

冰塊（立方體）⋯適量
生薑糖漿（※）⋯45ml
碳酸水⋯適量
萊姆（切成1/8的半月形）⋯1個

作法

1. 在玻璃杯內放入冰塊和生薑糖漿，再斟滿碳酸水，最後以萊姆裝飾。

※生薑糖漿的製作方法

鍋內放入生薑切片2kg、檸檬香茅的茶包10包、熱水1200ml、卡宴胡椒4g、蔗糖2kg，罩上用鋁箔紙做成的蓋子，再以中火熬煮約1小時30分鐘。用濾網過篩後放涼，注入檸檬果汁400ml再充分攪拌混合即可。

店家自製薑汁汽水
森之間CAFE

在生薑內加入丁香或肉桂等調味香料熬煮，再用通寧水稀釋店家自製的生薑糖漿即完成。以獨特深度及舒暢辣味為特徵，獲得「口感沁涼爽快，但喝下後身體卻有溫暖之感」等好評。

材料（1杯的量）

冰塊（立方體）⋯適量
店家自製生薑糖漿（※）⋯55ml
通寧水⋯140ml
切成圓片的萊姆⋯1片
薄荷葉⋯適量

作法

1. 在玻璃杯內放入冰塊，再加入店家自製的生薑糖漿。
2. 倒入通寧水攪拌混合。
3. 以萊姆和薄荷葉裝飾。

※店家自製生薑糖漿的製作方法

將檸檬薄片2片、生薑切片200g、棒狀肉桂2根、丁香8個、鷹爪椒2根、三溫糖160g、蜂蜜20g、水550ml全部放進鍋內，以中火熬煮約20分鐘，然後用濾網等過濾即可。

檸檬水

白金檸檬水
Thrush//café

以英國傳統的草本飲料「Organic Cordial Lemon」為基底，再利用蜂蜜添加自然的甘甜味。最適合想要轉換氣氛時飲用。口感清爽宜人，冬季時用熱水稀釋做成熱飲品嚐也非常合適。

材料（1杯的量）

蜂蜜⋯5ml　　湯⋯少許
冰塊（立方體）⋯適量
有機檸檬水
　Organic Cordial Lemon⋯30ml
碳酸水⋯150ml
切成圓片的檸檬⋯2片

作法

1. 以少量熱水溶解蜂蜜。
2. 在玻璃杯內放入1和冰塊，再加入有機檸檬水。
3. 注入碳酸水再放入檸檬。

玫瑰果香氣泡
粉紅檸檬水
Glorious Chain Café

在檸檬水內加入據稱具有美肌效果的玫瑰果茶，做成酸甜口感的飲料。薰染成粉紅色的玻璃杯內映出切片檸檬的鮮豔黃色，美麗的外觀也深受女性喜愛。利用薄荷的香氣增添清爽感。

材料（1杯的量）

檸檬（切成圓片再切成1/8）⋯約20g
檸檬（果汁）⋯10ml
玫瑰果茶⋯45ml　　口香糖糖漿⋯25ml
冰塊（碎冰）⋯適量
碳酸水⋯適量
裝飾用的檸檬（切成薄片再切成1/8）
　⋯適量
薄荷葉⋯適量

作法

1. 將檸檬、檸檬果汁、玫瑰果茶、口香糖糖漿倒進玻璃杯內，並加入冰塊。
2. 將碳酸水斟滿整個玻璃杯，再用攪拌棒攪拌混合。
3. 以檸檬和薄荷葉裝飾。

檸檬水

Brooklyn Parlor 新宿

清爽宜人的口感，最適合在酷暑盛夏時期來上一杯。用檸檬果汁製作凍冰漂浮在玻璃杯的上層，藉此展現沁涼之感。也擺放迷迭香裝飾，利用其清涼香氣完成成熟大人所喜愛的檸檬水滋味。

材料（1杯的量）

檸檬（果汁）…20ml
口香糖糖漿…20ml
水…140ml
冰塊（立方體）…適量
凍冰（※）…適量
迷迭香…1枝

作法

1. 將檸檬果汁、口香糖糖漿、水充分攪拌混合。
2. 玻璃杯內放入冰塊再注入1，讓凍冰漂浮在上層，最後擺上迷迭香即可。

※ 凍冰的製作方法

將檸檬果汁30ml、口香糖糖漿30ml、水140ml混合後放入容器內，攪拌數次再放入冷凍庫冷凍。

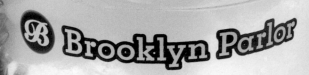

Naked SUN

spoony cafe

將血橙果汁製成圓冰塊當作太陽。隨著冰塊逐漸溶化，濃郁感也逐漸增加，能享受味道變化的趣味。加入店家自製的生薑糖漿提味，生薑辛辣的刺激感也能襯托出葡萄柚和柳橙的新鮮感。

材料（1杯的量）

冰塊（立方體）…2〜3個
紅肉葡萄柚…2瓣
白肉葡萄柚…2瓣
店家自製生薑糖漿（※）…15ml
MONIN粉紅葡萄柚糖漿…45ml
碳酸水…120ml
血橙冰塊（將血橙果汁冰凍成圓形）
　…1個
薄荷葉…適量

作法

1. 在玻璃杯內放入冰塊、紅肉葡萄柚、白肉葡萄柚、店家自製生薑糖漿、粉紅葡萄柚糖漿，注入碳酸水。
2. 輕輕攪拌混合後，擺上血橙冰塊，再以薄荷葉裝飾。

※店家自製生薑糖漿的製作方法

將磨成泥的生薑500g、水1ℓ、上白糖500g放進鍋內，以小火熬煮且避免燒焦，並不時地攪拌混合至喜愛的狀態即可。

水果MIX特調飲品

spoony cafe

在碳酸水中放入大量的草莓、柳橙、奇異果、鳳梨等季節性的切片水果，展現華麗熱鬧的氣氛。能品嚐到各種果汁甘甜味融合一體的美好滋味。改變水果酒的味道，或是加入香味糖漿等，能有多種變化。

材料（1杯的量）

冰塊（立方體）…4〜5個
草莓（切薄片）…1個的量
柳橙…3瓣
奇異果（薄片再對切的狀態）…3片
鳳梨（一口大小）…3塊
季節水果…依個人喜好，適量
水果酒…適量
綜合莓果（冷凍）…1大匙
薄荷葉…適量

作法

1. 在玻璃杯內放入冰塊和各種水果，注入水果酒。
2. 擺放冷凍綜合莓果後，再以薄荷葉裝飾。

比基尼

spoony cafe

以映襯出碧海多彩繽紛的泳衣為構思藍圖。在藍橙酒的糖漿和碳酸水飲料內放入利用刨冰糖漿著色的椰果、食用花卉等，讓材料漂浮在其中，是最適合夏季氣氛的繽紛飲品。玻璃杯邊緣處再以烤椰子和半乾鳳梨裝飾。

材料（1杯的量）

鏡面果膠…適量
椰子粉…適量
冰塊（立方體）…2～3個
MONIN藍橙酒糖漿…45ml
彩色椰果（※）…紅色2個、藍色2個、綠色2個
芒果塊（冷凍）…2塊
碳酸水…160ml
食用花卉…2朵
半乾燥的鳳梨（※）…1片

作法

1. 繞著玻璃杯杯口處塗上一圈鏡面果膠，沾上椰子粉。
2. 在1內放入冰塊、藍橙酒糖漿、椰果、芒果塊，注入碳酸水。
3. 讓食用花卉漂浮在中間層，配合玻璃杯在杯緣處插上劃入切口的半乾燥的鳳梨裝飾。

> ### ※彩色椰果的製作方法
>
> 在各適量的刨冰糖漿（紅色、藍色、綠色）內個別浸漬2個椰果。

> ### ※半乾燥鳳梨的製作方法
>
> 將削皮後切成圓片的鳳梨先拭乾水分，再擺在鋪有烤盤紙的烤盤上，用設定130℃的烤箱將表面烘烤1小時，然後翻面再烘烤1小時，使其乾燥。

Point

藍橙酒糖漿和碳酸水的比例可依個人喜好調整。

Tapioca飲料
honohono cafe

可從5種香氣糖漿和拿鐵或紅茶等9種飲料中自由搭配組合品嚐的珍珠飲品。照片是覆盆子糖漿和拿鐵調製組合的成果。糖漿的粉紅色透過大顆粒的珍珠，非常美麗。

材料（1杯的量）

覆盆子糖漿…20ml
珍珠（木薯粉製）…40g
冰塊（立方體）…適量
牛奶…100ml
濃縮咖啡…30ml

作法

1. 玻璃杯內放入覆盆子糖漿和珍珠、冰塊。
2. 倒入牛奶，再安靜緩慢地注入濃縮咖啡。

Bubble Tea（芒果香）
AIRSIDE CAFE

本飲品除了黑珍珠外，另加入牛奶和大吉嶺紅茶。在日本通常稱為「珍珠奶茶」，但海外卻會採用親切的暱稱來展現個性。照片的這款飲料除了適合用芒果糖漿外，也和椰子或百香果的香氣很搭。

材料（1杯的量）

湯…適量
黑珍珠（木薯粉製）…60g
冰塊（立方體）…適量
MONIN芒果糖漿…45ml
牛奶…30ml
冰紅茶（大吉嶺茶）…適量

作法

1. 用熱水徹底軟化黑珍珠至完全通透，再用水充分洗淨表面的黏液，然後放進玻璃杯內。
2. 放入冰塊、芒果糖漿、牛奶，玻璃杯剩下的空間再用冰紅茶斟滿。

Point

也可以用格雷伯爵茶（Earl Grey）製作冰紅茶。享受不同的風味口感。

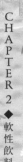

豆漿

黑糖漿黃豆粉豆漿

HITSUJI茶房（綿羊茶房）

在豆漿和黃豆粉的溫和口感中，利用黑糖漿帶出深層甘甜味的和風飲品。黑糖漿會沉入玻璃杯底，因此會呈現上下不同的雙層，客人只要用吸管一點一點攪拌就能自行調整甜度。要熱飲時，可用小火加熱豆漿，再一點一點加入黃豆粉。

材料（1杯的量）

豆漿…300ml
黃豆粉…2大匙
可可粉…適量
黑糖漿…適量

作法

1. 將豆漿和黃豆粉用果汁機攪拌混合。
2. 杯底放入黑糖漿，注入1。
3. 撒上可可粉即完成。

黃豆粉黑蜜拿鐵
CAFFE SCIMMIA ROSSO

黑糖漿濃郁的甜味搭配帶有焦香感的黃豆粉，是老少咸宜、各年齡層皆喜愛的口感。以香味為主要特色的黃豆粉必須盡量使用新鮮的。且須蒸熱牛奶以利與黃豆粉和黑糖漿混合，但牛奶若加熱過度會使甜味太重，因此為了襯托黑糖漿的甜味，建議使用蒸熱至微溫的牛奶。

材料（1杯的量）

黃豆粉…10g　黑蜜…20ml
熱水…15ml　冰塊（立方體）…適量
牛奶…100ml　淡奶油…適量
裝飾用的黃豆粉…適量

作法

1. 將黃豆粉、黑糖漿、熱水倒進攪拌碗內，充分攪拌混合。
2. 在玻璃杯內放入冰塊，再放入1。
3. 輕輕蒸煮牛奶。
4. 將3安靜緩慢地注入到2裡。
5. 擺上淡奶油，再撒上黃豆粉。

咖啡凍飲（焦糖風味）
CAFFE SCIMMIA ROSSO

牛奶當中放入大量的店家自製咖啡凍。以甜焦糖糖漿與萃取出濃郁咖啡的咖啡液做出甜味均勻、容易飲用的軟嫩咖啡凍。除了焦糖糖漿外，也可以用巧克力糖漿或煉乳等做出多種變化。

材料（1杯的量）

牛奶…30ml
咖啡凍（※參照P.6）…240g
焦糖糖漿…30ml
淡奶油（7分發）…適量
焦糖醬…適量

作法

1. 玻璃杯內注入牛奶，用湯匙邊弄碎邊舀起弄碎的咖啡凍放入杯內。
2. 倒入焦糖糖漿。
3. 擺上淡奶油，再用焦糖醬裝飾。

杏仁牛奶

Café 分福

從摩洛哥等阿拉伯諸國所熟悉的杏仁飲品中獲得靈感而構思的飲品。杏仁的焦香味在口中擴散時，用來提味而加入的「橙花水」會格外突出成為亮點，因此廣受歡迎。牛奶則使用風味豐富的低溫殺菌牛奶。

材料（1杯的量）

杏仁粉⋯10g
橙花水⋯1小匙
蜂蜜⋯1小匙
低溫殺菌牛奶⋯200ml
冰塊（立方體）⋯適量

作法

1. 玻璃杯內放入杏仁粉、橙花水、蜂蜜，再注入牛奶充分攪拌混合。
2. 在1中放入冰塊。

樹莓牛奶

森之間 CAFE

在沉入杯底的覆盆子醬和草莓糖漿上注入牛奶和鮮奶油，以莓果類和牛奶搭配，其契合口感深受女性喜愛，是充滿甜點感覺的飲料。一邊攪拌一邊品嚐，即可享受圓潤又濃醇的風味。

材料（1杯的量）

覆盆子醬⋯10ml
草莓糖漿⋯5ml
檸檬（果汁）⋯5ml
口香糖糖漿⋯5ml
冰塊（立方體）⋯適量
牛奶⋯100ml
鮮奶油⋯10g
草莓乾⋯適量

作法

1. 玻璃杯內放入覆盆子醬、草莓糖漿、檸檬果汁、口香糖糖漿，充分攪拌混合。
2. 在1內放入冰塊，注入牛奶。
3. 放入鮮奶油。
4. 撒上草莓乾。

桑椹
牛奶果汁

PNB-1253

使用秩父特產的桑椹果汁。桑椹的外觀和風味皆近似藍莓，卻有更質樸的口感，年長的愛好者眾多。只要改變果醬的口味，即可輕鬆調製出不同的風味。另外，使用牛奶口味的冰淇淋比最常見的香草冰淇淋更能襯托出果醬風味。

材料（1杯的量）

秩父產的桑椹果醬…1大匙
牛奶冰淇淋…50ml
牛奶…180ml

作法

1. 將全部的材料用果汁機攪拌混合。
2. 倒進已充分冷卻的玻璃杯內。

梅子飲料

有機梅子汁
lene cafe

以梅精豐富滲出的店家自製梅子糖漿製作，是口感清爽的飲料。若使用洗雙糖或帶有杏子般香氣的甜菜糖，則會呈現黑糖般的香味和琥珀色澤。店內提供洗雙糖和甜菜糖，讓客人能自行選擇。

材料（1杯的量）

梅子糖漿（※）…60ml
水…100ml
用於梅子糖漿的梅子…1個
冰塊（立方體）…適量

作法

1. 玻璃杯內放入全部材料，輕輕攪拌混合。

※梅子糖漿的製作方法

去掉有機青梅1kg的蒂頭並洗淨表面污垢，然後拭乾水分放入冷凍。為了達到殺菌效果，會在瓶中一邊淋上米醋100ml一邊放入青梅。將青梅和1kg的洗雙糖或甜菜糖一點一點地交錯疊放進瓶內，最後一層要放入砂糖。2～3天後，當瓶內的青梅開始滲出果汁時，必須1天中倒入數次砂糖在整瓶青梅上，繼續浸漬青梅。約2個星期即可製作完成。

香蕉藍莓優格
cafe maasye

利用香蕉和藍莓製作的甜點類飲料。以香蕉、藍莓果醬、優格為基底，再用少量的牛奶延展食材並調整濃度。若想要完成品的口感清爽一點，則可以加多一點牛奶。食材豐富、味道濃醇，令人相當有飽足感。

材料（1杯的量）

A
香蕉⋯1/2根　藍莓果醬⋯1大匙
優格（無糖）⋯100ml　牛奶⋯50ml
冰塊（立方體）⋯適量

作法

1. 將A放入果汁機內充分攪拌混合。
2. 倒進玻璃杯內，放入冰塊。

番茄拉昔
cafe maasye

利用優格將番茄汁特有的酸味調製出圓潤感，是後味清爽的飲料。加入三溫糖糖漿，使口感更加濃醇。這款飲料是從開店起即相當受歡迎的人氣飲品，尤其頗受重視健康的30～40多歲的女性喜愛。

材料（1杯的量）

A
番茄汁（無糖）⋯100ml
優格（無糖）⋯50ml　鹽⋯少許
三溫糖糖漿⋯1小匙
冰塊（立方體）⋯適量

作法

1. 將A放入果汁機內充分攪拌混合。
2. 倒進玻璃杯內，放入冰塊。

Point

不使用糖漿也一樣好喝！請依個人喜好調整。

可爾必思
飲品

彩虹可爾必思

honohono cafe

將可爾必思和3種果汁搭配組合，讓可爾必思的色澤更顯魅力有特色。果汁不僅是多層次感的華美而已，味道的契合度也是特色之一。可爾必思和水果的風味交融合一，能品嚐到某種令人懷念的滋味。

材料（1杯的量）

可爾必思…30ml
荔枝汁…30ml
冰塊（碎冰）…適量
蔓越莓汁…50ml
柳橙汁…40ml

作法

1. 在玻璃杯內依序倒入可爾必思、荔枝汁，再放入冰塊至玻璃杯約一半的量。
2. 緊接著加入蔓越莓汁，再用冰塊裝滿整個玻璃杯，最後注入柳橙汁做出層次即可。

薄荷可爾必思

CAFFE SCIMMIA ROSSO

原本是當作兒童菜單的供應餐點，但是它多層次的美感引起許多迴響，因此以夏季限定的方式提供增量版的成人款。由於薄荷糖漿的甜味較重，因此調製的秘訣在於「約略稀釋可爾必思」，這樣會比加入純可爾必思更美味。

材料（1杯的量）

可爾必思…30ml　水…170ml
冰塊（立方體）…適量
薄荷糖漿…10ml　薄荷葉…適量

作法

1. 在可爾必思內加入水，充分攪拌混合。
2. 在玻璃杯內放入冰塊，注入1。
3. 安靜緩慢地倒入薄荷糖漿，再以薄荷葉裝飾。

Point

要安靜緩緩地注入薄荷糖漿，讓它下沉至底部形成漂亮的雙層。

冰巧克力柳橙特調飲
森之間 CAFE

嘗試將冬季時提供熱飲而獲得好評的巧克力柳橙特調飲做成冰飲。使用君度橙酒（Cointreau）突顯出與巧克力最合拍的柳橙香氣與甜味。在上方加入牛奶和奶泡，呈現甘甜又帶微苦的滋味。

材料（1杯的量）

製甜點用巧克力…20g
牛奶…120ml
口香糖糖漿…10ml
君度橙酒（Cointreau）…15ml
冰塊（立方體）…適量
奶泡…10g　橙皮…適量

作法

1. 在小鍋內放入碎巧克力、牛奶50ml、口香糖糖漿、君度橙酒，加熱揮發酒精成分，並使巧克力溶解。
2. 將1倒進玻璃杯內，放入冰塊。
3. 注入牛奶70ml。
4. 擺上奶泡，以橙皮裝飾。

綜合果汁

香蕉與奇異果的 MIX 鮮果汁
HITSUJI茶房（綿羊茶房）

在濃稠口感的香蕉中加入奇異果酸味的綜合果汁。不使用牛奶而採用豆漿，使整體口感圓潤好入喉。店內品嚐時會詢問客人愛好，另外增減砂糖或奇異果的量。只放入香蕉的無糖風味也非常獨特好喝。

材料（1杯的量）

A
香蕉…1根　奇異果…1/2個
牛奶or豆漿…250ml
黑糖…1/2小匙
冰塊（立方體）…2個
薄荷葉…適量

作法

1. 香蕉和奇異果去皮。
2. 將A用果汁機攪拌，倒進玻璃杯內。
3. 以薄荷葉裝飾。

蔬果汁

番茄沙拉飲
Thrush//café

以紅色和黃色這2種顏色的番茄汁製作的健康飲品。色彩鮮豔且番茄的甜味明顯，連不太習慣番茄汁味道的人也能輕鬆飲用。稀少的黃色番茄汁則是100％使用JA新小樽的小番茄「Motemote Kikki（もてもてキッキ）」。

材料（1杯的量）

冰塊（立方體）…適量
番茄汁（不使用砂糖和食鹽）
　…50ml
黃色番茄汁…30ml
檸檬（切成1/8的半月形）…1個

作法

1. 在玻璃杯內放入冰塊。
2. 依序注入紅色番茄汁和黃色番茄汁。
3. 擺上檸檬。

優美
Thrush//café

以櫻花為藍圖創作的無酒精雞尾酒。利用可爾必思、藍莓醋、薑汁汽水等呈現多層次美感，再裝飾萊姆以倣效葉櫻，是令人有春天之感的飲品。其酸甜均衡感亦佳。

材料（1杯的量）

冰塊（立方體）…適量
可爾必思…20ml
本町藍莓（食用紅醋）…10ml
薑汁汽水…150ml
萊姆（切成1/8的半月形）…1個

作法

1. 在玻璃杯內放入冰塊、可爾必思和本町藍莓。
2. 注入薑汁汽水再擺上萊姆即可。

生薑啤酒
Thrush//café

利用以有機蘋果的果汁和有機生薑等製成的英國飲料「甘露酒Cordial」調製。以無酒精啤酒稀釋，做成「香堤Shandy Gaff」（混合啤酒和薑汁汽水的雞尾酒）風格。鮮搾檸檬能使整體口感凝縮、精緻。

材料（1杯的量）

甘露酒Cordial Apple & Ginger…30ml
無酒精啤酒…190ml
檸檬（切成1/8的半月形）…1個

作法

1. 在玻璃杯內倒入甘露酒Cordial Apple & Ginger。
2. 倒入無酒精啤酒至玻璃杯9分滿。
3. 擺上切成半月形的檸檬。

Virgin Mojito

Brooklyn Parlor 新宿

人氣雞尾酒「莫吉托（Mojito）」的特調款。以生薑糖漿取代蘭姆酒，品嚐無酒精的風味。生薑的溫潤辛辣感突顯萊姆的酸味，呈現清新舒暢的口感。外觀也十分清爽，適合在炎炎夏日中品嚐。

材料（1杯的量）

薄荷葉…約20片
冰塊（碎冰）…適量
生薑糖漿（※）…30ml
萊姆（果汁）…10ml
碳酸水…適量
切成圓片的萊姆…4片

※生薑糖漿的製作方法

將生薑薄片100g和口香糖糖漿500ml以小火熬煮約20分鐘，直接放涼再過濾即可。

作法

1. 玻璃杯內放入薄荷葉和冰塊，用攪拌棒輕敲般混合。
2. 倒入生薑糖漿和萊姆果汁，注入碳酸水，再擺上萊姆即可。

Point

事先將薄荷葉在冰塊中輕敲般混合，便會有香味釋出。

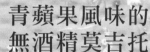

青蘋果風味的無酒精莫吉托

Glorious Chain Café

連不太喝酒精飲料的人也能輕鬆品嚐，是適合盛夏時期清爽飲用的無酒精飲品。薄荷和清新的青蘋果香氣十分契合。大量使用大片的薄荷葉，是這道飲品的美味秘訣。

材料（1杯的量）

薄荷葉…適量
MONIN青蘋果糖漿…25ml
萊姆（果汁）…10ml
果汁100%蘋果汁…45ml
冰塊（碎冰）…適量
碳酸水…適量
萊姆（切成1/8的半月形）…1個

作法

1. 將薄荷葉、蘋果糖漿、萊姆果汁、蘋果汁倒進玻璃杯內，用攪拌棒弄碎薄荷葉。
2. 放入冰塊，用碳酸水斟滿玻璃杯，再用攪拌棒攪拌混合。
3. 以萊姆和薄荷葉裝飾。

Ocean Green
FLOWERS Common

最適合女性們在黃昏入夜之際分享共飲。品嚐前用攪拌棒攪拌混合後，再倒進玻璃杯內。如此一來，藍橙酒糖漿會融入其中，呈現出美麗的水藍色。是能夠享受顏色變化驚喜感的飲品。

材料（3～4杯的量）

茉莉花茶（沖煮成偏濃口感）…50ml
荔枝汁…40ml　水蜜桃汁…40ml
檸檬（果汁）…適量　切成圓片的檸檬…適量
冰塊（碎冰）…適量　藍橙酒糖漿…適量

作法

1. 將冷卻的茉莉花茶、荔枝汁、水蜜桃汁和檸檬果汁充分攪拌混合。
2. 在窄口杯內放入檸檬和冰塊，注入1，然後安靜緩慢地倒入藍橙酒糖漿做出層次。

CHAPTER 3

茶類飲品

Tea Drink

黑糖香蕉牛奶茶
BERRY'S TEA ROOM

可用品嚐甜點的感覺飲用的冰紅茶。在奶茶中加入生香蕉轉移香味，增加濃郁的黑糖甜味。為了不妨礙茶葉的舒展運動，將茶葉擺放在香蕉上方再注入熱水是一大重點。

材料（1杯的量）

香蕉…1/3根
盧哈娜（Ruhuna）的茶葉…8g
熱水…120ml
黑糖…15g
冰塊（立方體）…120g
牛奶…100ml
香蕉（裝飾用的）…2薄片

作法

1. 在手沖壺內放入香蕉並用叉子搗碎。
2. 在香蕉上方擺放茶葉，注入熱水蒸煮約3分半。
3. 在另一個小壺內放入黑糖再注入2，快速攪拌混合讓黑糖溶解。
4. 在3內放入冰塊，攪拌使其急速冷卻。
5. 在玻璃杯內放入冰塊（份量外），注入牛奶和4，充分攪拌混合，讓香蕉漂浮在其中。

肉桂奶茶
PNB-1253

散發突出肉桂香氣的濃醇奶茶。茶葉稍微多放一些煮出濃郁感是一大重點。淡奶油和肉桂可依個人喜好調整。店內使用公平貿易（Fairtrade）的錫蘭紅茶，並以葡萄酒杯盛裝供應。

材料（1杯的量）

錫蘭紅茶的茶葉…約5g
水…100ml
牛奶…100ml
肉桂粉…適量
淡奶油…1大匙

作法

1. 在鍋內放入茶葉和水，以中小火加熱至煮沸。
2. 倒入牛奶再次加熱至煮沸後蓋上鍋蓋靜候2分半。
3. 在杯內放入肉桂粉，注入2，再以淡奶油裝飾。

焦糖凍茶

與茶一同旅行的紅茶店　百色水Fika

焦糖茶建議採用味道能在短時間內充分釋出的CTC茶葉。冰塊則只要選用碎冰，即可用家用果汁機輕鬆做出凍茶。店內供應時會先萃取焦糖茶，等到有客人點購時才和牛奶、糖漿混合，以免牛奶劣化而失去美味。

材料（1杯的量）

焦糖茶的茶葉…8g
水…140ml
冰塊（碎冰）…適量
牛奶…210ml
店家自製糖漿（※）…3大匙
可可粉…適量

作法

1. 在小鍋內放入焦糖茶的茶葉和水，開火充分熬煮。
2. 待剛起鍋的熱度散去即可過濾。
3. 果汁機內放入冰塊、2、牛奶、糖漿，充分攪拌混合。
4. 注入到玻璃杯再撒上可可粉。

> ※ 店家自製糖漿的製作方法
>
> 將水180ml和精製細砂糖250g用果汁機攪拌混合約5分鐘。

Point

事先調製大量的濃郁焦糖茶備用，即可在有客人點購時從容且順暢地供應。冷藏可保存3天。

茶飲

熊貓印

均衡地使用丁香、豆蔻、肉桂調製出風味圓潤的茶飲。事先做好一定份量備用，然後在每次點購時以打奶泡的機器加熱後供應。用奶泡機加熱時盡量做出飽滿的泡沫，讓外觀的趣味感倍增。

材料（1杯的量）

水…200ml
紅茶…突起如小山般滿滿的2茶匙
丁香…2粒　豆蔻…2粒
肉桂（棒狀）…2根
砂糖…2大匙
牛奶…300ml
肉桂（粉末）…適量

作法

1. 將牛奶和肉桂粉以外的材料全都放進鍋內開火煮沸。
2. 關火後加入牛奶，過濾後放進冰箱冷卻。
3. 每次有客人點購時，以濃縮咖啡機的奶泡機加熱2，製作奶泡。
4. 保留奶泡並同時注入到杯內，最後在上方擺放滿滿的奶泡，再撒上肉桂粉即可。

淡奶油奶香茶飲
HITSUJI茶房（綿羊茶房）

用淡奶油調整綜合香料馬沙拉茶（Masala Tea）的甜度。只用牛奶不用水地慢慢熬煮，煮沸後直接讓茶葉繼續泡在裡面放著，使完成品更加濃郁。以大量的淡奶油和可可粉裝飾，增加甜點感覺。

材料（1杯的量）

綜合香料馬沙拉茶（Masala Tea）的茶葉…3茶匙
牛奶…250ml
淡奶油（加入砂糖打至8分發）…適量
可可粉…適量

作法

1. 在牛奶鍋內放入馬沙拉茶的茶葉和牛奶一起加熱。
2. 沸騰後關火，放置約2分鐘。
3. 過濾後注入耐熱玻璃杯內，擠入淡奶油再撒上可可粉即可。

扶桑花和玫瑰果茶的蘇打水

cafe Tokiona

含有大量維他命的扶桑花和玫瑰果的組合。深粉紅色的外觀看起來相當華美，味道的契合度也極佳。作為草本茶（花草茶）品嚐時酸味較重，但以茶糖漿調製且用蘇打水稀釋後，則十分順口好喝。以檸檬和薄荷帶出清爽氣氛，是適合夏天品嚐的飲料。

材料（1杯的量）

扶桑花和玫瑰果的糖漿（※）…40g
冰塊（立方體）…適量
蘇打水…120ml
切成圓片的檸檬…1片
薄荷葉…適量

作法

1. 玻璃杯內放入糖漿和冰塊，注入蘇打水混合。
2. 以檸檬和薄荷葉裝飾。

※ 扶桑花和玫瑰果糖漿的製作方法

將乾燥的扶桑花和玫瑰果各15g、錫蘭茶葉5g、精製細砂糖30g放進鍋內熬煮。

覆盆子茶蘇打水

AIRSIDE CAFE

酸甜風味的莓果搭配蘇打水的組合，是碳酸類冷飲中坐二望一的人氣飲品。為展現蘇打水般的清涼感，重點在於讓紅茶的量與糖漿相同。讓冷凍莓果漂浮其中，做出甜美可愛感。

材料（1杯的量）

冰塊（立方體）…適量
覆盆子糖漿…30ml
大吉嶺的冰紅茶（無糖）…30ml
碳酸水…適量
綜合莓果（冷凍）…適量
薄荷葉…適量

作法

1. 在玻璃杯內放入冰塊，再注入覆盆子糖漿和冰紅茶。
2. 杯內斟滿碳酸水。
3. 放入綜合莓果再以薄荷葉裝飾。

臺灣香檬茶蘇打水

BERRY'S TEA ROOM

是含有柑橘酸味且洋溢清涼感的蘇打水茶飲。店家使用的紅茶比較沒有紅茶特有的澀味，就連孩童也能以喝果汁的感覺品嚐。自行調製時建議使用具清爽感的Candy的紅茶茶葉。除了臺灣香檬以外，也可以用檸檬或柚子果汁調製。

材料（1杯的量）

Candy的茶葉…6g
熱水…140ml
冰塊（立方體）…140g
臺灣香檬果汁…10ml
口香糖糖漿…30g（或精製細砂糖…18g）
碳酸水…50ml
薄荷葉…適量

作法

1. 在手沖壺內放入茶葉，注入熱水蒸煮約3分鐘。
2. 在另一個壺內放入冰塊，注入1，快速攪拌混合使其冷卻。
3. 玻璃杯內放入冰塊（份量外），再倒入臺灣香檬果汁、口香糖糖漿，注入2後充分攪拌混合。
4. 緩慢地注入碳酸水做出層次，再以薄荷葉裝飾。

焙茶飲品

焙茶風味的豆漿黃豆粉拿鐵

食堂cafe COUCOU

使用焙茶調製，散發和風氛圍的焙茶拿鐵。在沖煮出濃醇焦香的焙茶中添加豆漿製成的奶泡，奶泡的溫和甜味和焙茶非常契合。撒上黃豆粉和抹茶作為香氣和風味的亮點是其一大特色。可依個人喜好邊添入黑糖漿邊飲用。

材料（1杯的量）

焙茶…150ml
有機豆漿的奶泡…50ml
黃豆粉…適量
抹茶…適量
黑糖漿…適量

作法

1. 將有機焙茶的茶葉（像小山般突起的滿滿1大匙）用200ml的熱水蒸煮約3分鐘沖煮焙茶。使用當中的150ml。
2. 將1倒入容器內，注入用奶泡機打出泡沫的豆漿奶泡。
3. 撒上黃豆粉和抹茶粉，再另外擺放黑糖漿即可。

焙茶薑汁汽水

cha-cafe 深綠茶房

想要增加能輕鬆品嚐的茶香碳酸飲料菜單而多次嘗試調製，並在失敗中不斷摸索的過程裡發現焙茶的香氣和薑汁汽水的酸味非常搭，而研發出這道飲料。焙茶是左右風味的關鍵，必須要濃濃萃取才會香醇。此外，薑汁汽水建議使用具刺激感的類型。可依個人喜好利用口香糖糖漿增加甜度。

材料（1杯的量）

焙茶…50ml
薑汁汽水（辣口）…60g
冰塊（立方體）…5個
細葉芹…適量
口香糖糖漿…適量

作法

1. 煮沸300ml的水，沸騰後放入雁音焙茶的茶葉10g，蓋上蓋子用小火熬煮3分鐘。
2. 用篩網過濾1，待剛起鍋的熱度散去。
3. 將50ml的2和薑汁汽水一起倒進裝有冰塊的玻璃杯內。
4. 以細葉芹裝飾，端給客人時再添上口香糖糖漿即可。

Point

焙茶務必使用剛煮沸的熱水熬煮。如此才能做出濃醇風味。

玫瑰果＆洛神花
honohono cafe

蘋果醋＆芒果汁的淡黃色和玫瑰果＆洛神花的紅色呈現細膩對
比，是色澤精美的飲料。花草茶和蘋果醋的酸味，與芒果汁的
濃郁甜味非常搭配，且給人十分健康的感覺。

材料（1杯的量）

玫瑰果＆洛神花的茶葉…2g
熱水…75ml
蘋果醋…15ml
芒果汁…40ml
口香糖糖漿…20ml
冰塊（立方體）…適量

作法

1. 在玫瑰果＆洛神花的茶葉內倒入熱水
   蒸煮3分鐘。
2. 將蘋果醋、芒果汁、口香糖糖漿依序
   倒進玻璃杯內攪拌混合。
3. 將冰塊放進2內，再安靜緩慢地注入
   1即可。

玫瑰果柳橙汁
森之間 CAFE

在柳橙汁上方注入已用冰塊事先冷卻的玫瑰果茶，做出上下2
層。其柔和美麗的色調非常吸引目光。各種酸味清爽調和，且玫
瑰果的濃郁香氣留有餘韻，是最適合夏季品嚐的風味。

材料（1杯的量）

玫瑰果茶葉…4g
熱水…適量
冰塊（立方體）…2個
柳橙汁…90ml
口香糖糖漿…5ml
薄荷葉…適量

作法

1. 在茶壺內放入茶葉，注入熱水，蓋上
   茶壺蓋悶煮3分鐘。
2. 過濾1的同時亦將1倒進燒杯內，再放
   入冰塊冷卻。
3. 玻璃杯內裝入冰塊（份量外），倒入
   柳橙汁、口香糖糖漿，充分攪拌混
   合。
4. 緩慢地將2倒進3內。
5. 以薄荷葉裝飾。

抹茶牛奶

Café 分福

採用日本傳統的「茶之湯」做成咖啡館的茶飲。抹茶經點茶後，和用茶筅打出泡沫的牛奶混合。選用上等抹茶，做成能充分享受抹茶風味的飲料。使用散發日式風情的抹茶椀供應給顧客的手法也相當令人印象深刻。

材料（1杯的量）	作法

材料（1杯的量）
抹茶…茶杓約2杓
熱水…40ml
低溫殺菌牛奶…100ml
冰塊（立方體）…適量

作法
1. 茶碗中放入抹茶並倒入熱水，進行抹茶的點茶。
2. 牛奶加熱到接近沸騰，再用茶筅打出泡沫。
3. 將2混進1內，再注入到裝有冰塊的抹茶椀。

抹茶蘇打水

cafe maasye

選購鄰近的日本茶專門店的抹茶，讓茶飲充分展現抹茶風味。用碳酸水調和濃郁抹茶，讓口感清爽宜人。碳酸的味道會隨時間變淡，但口感卻依然美味，因而深獲好評。

材料（1杯的量）
抹茶…50ml
冰塊（立方體）…適量
碳酸水…100ml
三溫糖糖漿…適量

作法
1. 用少量熱水（份量外）溶解抹茶。
2. 在玻璃杯內裝入冰塊和1。
3. 攪拌混合以稀釋抹茶並冷卻玻璃杯。
4. 倒入碳酸水、三溫糖糖漿。

Point

抹茶用熱水徹底溶解。也可以利用電動攪拌器，相當方便。

生薑茶

Café 分福

在冰紅茶當中加入店家自製的生薑糖漿，辛辣刺激的生薑口感成為特色亮點。生薑糖漿內含有切成細絲的生薑，且為了和紅茶搭配而添加了檸檬汁突顯風味。利用酸味和辣味提升冰紅茶的魅力。

材料（1杯的量）

生薑糖漿（※）…1大匙
冰紅茶（格雷伯爵茶）…約200ml
冰塊（立方體）…適量

※生薑糖漿的製作方法

鍋內放入生薑細絲、檸檬汁、砂糖、黑胡椒、丁香熬煮，關火後放涼即可。

作法

1. 在玻璃杯內倒入生薑糖漿再注入冰紅茶攪拌，然後讓冰塊漂浮在其間。

Point

冰紅茶是將茶葉放進茶壺後僅用少量熱水沖煮，然後放入冰塊急速冷卻製成，如此即可品嚐到紅茶本來的香味。

CHAPTER 4

咖啡
Coffee Drink

Espresso Horse's Neck

Espresso & Bar LP

將檸檬皮薄薄削成螺旋狀，在杯內繞圈般裝飾得像馬脖子一樣，再將獨特的白蘭地基底的雞尾酒「Horse's Neck」調製成無酒精的口感。以蘇打水稀釋濃縮咖啡，再利用檸檬增加爽快感。

材料（1杯的量）

濃縮咖啡…20ml
精製細砂糖…3g
檸檬…1個
冰塊（立方體）…5～6個
蘇打水…適量

作法

1. 濃縮咖啡內加入精製細砂糖攪拌混合再放涼備用。
2. 將檸檬皮（1個的量）削成螺旋狀，捲繞般地放入細長玻璃杯的內側。
3. 最後依序放入冰塊、1，再注入蘇打水。

氣泡咖啡
COFFEE FACTORY

碳酸和咖啡豆特有的風味，隨著入喉時的舒適暢快感在口中四散。咖啡沖煮成一般正常時4倍的濃度。最後必須充分攪拌讓碳酸和咖啡起泡，但這個泡沫相當美味，甚至會出現類似黑啤酒的味道，所以最好是在提供給客人前才進行攪拌。

材料（1杯的量）

咖啡豆（Rwanda Gihombo Washing station）…21g
精製細砂糖…12g　熱水…適量
冰塊（立方體）…約3個
強碳酸水…200ml

作法

1. 以細度研磨的方式處理輕度烘焙～中度烘焙的咖啡豆。
2. 在量杯內放入精製細砂糖，上方裝妥滴漏式咖啡濾杯，然後放入1。
3. 倒入熱水，滴漏萃取咖啡液。溶入精製細砂糖，做成45ml的咖啡液。
4. 當精製細砂糖充分溶解後，利用裝有冰塊水的碗隔水急速冷卻。
5. 在已用冷凍庫事先冷卻好的玻璃杯內放入冰塊，注入強碳酸水。
6. 在5內注入4，靜置數秒後充分攪拌。

Point

除了採用盧旺達（Rwanda）的咖啡豆以外，也可選用埃塞俄比亞（Ethiopia）或天然精製咖啡等香味出眾、甜度適宜的產品。

咖啡香蕉牛奶

咖啡香蕉牛奶
shima

在眾人喜愛的香蕉牛奶內加入咖啡的苦味，調製出成熟大人喜愛的韻味。能品嚐到咖啡與香蕉契合的風味。若偏好甜味，可以多加一點巧克力糖漿調整。

材料（1杯的量）

冰咖啡（沖煮成偏濃口感）…100ml
牛奶…100ml
冷凍香蕉…70g
巧克力糖漿…適量

作法

1. 用果汁機充分攪拌混合冰咖啡、牛奶、冷凍香蕉、巧克力糖漿。
2. 倒進玻璃杯內。

巧克力咖啡

Café 分福

在冰咖啡上方擺放低甜度的鮮奶油和苦味黑巧克力，做成不甜的成熟風味飲料。巧克力使用『GODIVA』可可含量50％的產品。並利用鮮奶油中和巧克力和咖啡的圓潤苦味。

材料（1杯的量）

冰塊（立方體）…適量
冰咖啡…200ml
鮮奶油…比2大匙多一些
精製細砂糖…少許
巧克力…適量

作法

1. 在玻璃杯內放入冰塊再注入冰咖啡。
2. 在鮮奶油內加入精製細砂糖打至7分發，擺放在1的上方。
3. 將巧克力削成細屑裝飾在上方。

Safari
Hana Cafe Carrot

在顧客的餐桌上直接將熱騰騰的濃縮咖啡注入到裝有生巧克力的短飲型玻璃杯內，濃稠化開的巧克力香醇感瞬間脫穎而出。肉桂、生薑等香料也很突出，能帶出深層風味。

材料（1杯的量）

生巧克力…10g
鮮奶油…5ml
綜合辛香料（依個人喜好選用肉桂、
　　生薑、豆蔻等）…1小撮
濃縮咖啡…30ml

作法

1. 在溫熱的短飲型玻璃杯內放入生巧克力。
2. 擠入常溫狀態的鮮奶油，撒上辛香料。
3. 注入濃縮咖啡。

Point

店內使用店家自製含蘇格蘭奶油的生巧克力，但若是使用含洋酒風味的生巧克力，能更增添風味。

Marocchino Fret
Per Tossini

從義大利都靈（Turin，或稱托里諾Torino）的著名飲料熱巧克力「Bicerin」獲得靈感設計的冷飲。放入冰塊若變得太冰，會不容易感覺到甜味，因此適當的冰涼度是調製時的重點。上方擠入的鮮奶油也有混入濃縮咖啡，讓濃縮咖啡的風味更香醇。

材料（1杯的量）

濃縮咖啡…25ml
熱牛奶…30ml
巧克力（※）…120g
濃縮咖啡奶油（※）…適量

作法

1. 將巧克力倒進玻璃杯。
2. 從上方安靜地注入熱牛奶，然後再注入濃縮咖啡。
3. 讓濃縮咖啡奶油如漂浮般地裝飾在上方。

※巧克力的製作方法

在Esserre-Ciocao 20g當中加入牛奶100ml與適量的砂糖，再用濃縮咖啡機的奶泡機加熱。待剛完成的熱度散去後，放進冰箱冷卻備用。

※濃縮咖啡奶油的製作方法

在打至10分發的鮮奶油（適量）內加入適量的濃縮咖啡攪拌。

Fresco —爽快—
OSTERIA BAR VIA POCAPOCA

適合夏季品嚐的無酒精飲料。在牛奶中混入柑橘類果汁，即可出現類似乳酸飲料的口感，這款飲料即是利用這種特色調製。做出在濃縮咖啡的圓潤苦味中擴散著優格沙瓦感的特調飲料。

材料（1杯的量）

濃縮咖啡…25ml　精製細砂糖…6g
MONIN薄荷糖漿…15ml
Edna Sicily Lime Juice…10ml
牛奶…60ml　冰塊（碎冰）…適量
薄荷葉…適量

作法

1. 在濃縮咖啡內加入精製細砂糖並攪拌溶解。
2. 在雪克杯內放入薄荷糖漿、萊姆果汁、牛奶、冰塊，然後加入1搖晃。
3. 倒進玻璃杯內，再以薄荷葉裝飾。

Point

搖晃時若未充分晃動則容易分離；搖晃過度則會起泡，必須依搖晃狀態，邊搖晃邊調整速度。

手搖特調飲 TOBANCHI STYLE
IL TOBANCHI

以濃縮咖啡為主軸的簡樸飲料，加入多一些砂糖使口感更順口。在經典的手搖飲當中放入檸檬薄片，其清爽香氣帶來輕盈的印象。也希望推薦給不太喝濃縮咖啡的人試試看。

材料（1杯的量）

濃縮咖啡…30ml
砂糖…10g
冰塊（立方體）…5個
檸檬薄片…1片

作法

1. 萃取濃縮咖啡，再連同砂糖、冰塊一起用雪克杯搖晃。
2. 沿著玻璃杯壁放入檸檬薄片，再安靜地注入1。

香料咖啡

Qahwa（咖啡）

Café 分福

調製曾在阿拉伯諸國品嚐到的「Qahwa咖啡」。用小鍋子萃取咖啡，再加入豆蔻和生薑或肉桂等香料製成。調味香料的香氣突出，有清爽的滋味。提供給客人時，讓客人自行注入到裝有冰塊的玻璃杯內品嚐。

材料（1杯的量）

熱水…200ml
咖啡（中度研磨）…超過咖啡量匙1匙
精製細砂糖…適量　生薑（粉末）…適量
黑胡椒…適量　豆蔻…適量
肉桂（粉末）…適量　冰塊（立方體）…適量

作法

1. 在小鍋裡放入熱水和咖啡粉煮沸，以中火燉煮約2分鐘萃取咖啡。

2. 加入精製細砂糖和各種香料後關火，蓋上蓋子悶煮2分鐘。

3. 過濾2，將冷卻的材料倒進大水瓶內，再連同裝有冰塊的玻璃杯一起提供。

Bianco Rosso
Hana Cafe Carrot

以紅豆餡搭配濃縮咖啡的和洋式混合法提供新穎風味的冬季限定菜單。在客人面前安靜地注入濃縮咖啡，讓客人感受上下2層的色彩變化。利用湯匙背面撫平紅豆餡的這個步驟，讓成品呈現出精緻美麗的層次。

材料（1杯的量）

紅豆餡…35g
白玉…3個
牛奶…140ml
濃縮咖啡…30ml

作法

1. 紅豆餡用微波爐加熱約20秒。
2. 放進玻璃杯內，用湯匙整平表面。
3. 在2上方放入白玉。
4. 注入已加熱的牛奶。
5. 安靜地注入濃縮咖啡。

Point

將薄壓克力板捲成筒狀讓紅豆餡從中滑入，便可在不沾到玻璃杯內側面的狀態下放入紅豆餡。

成熟風漂浮拿鐵
IL TOBANCHI

甜度完全只仰賴榛果利口酒和香草冰淇淋。是能夠以甜點感覺享用的低甜度飲品。在巧克力利口酒的豐富風味中，榛果的香氣成為特色亮點。即使冰淇淋隨著時間溶化依然美味好喝。

材料（1杯的量）

巧克力利口酒…15ml
冰塊（立方體）…2個
牛奶…100ml
濃縮咖啡…30ml
香草冰淇淋…適量
榛果利口酒…5ml
巧克力醬…適量

作法

1. 在玻璃杯內注入巧克力利口酒並放入冰塊。
2. 從上方安靜地注入牛奶。
3. 萃取濃縮咖啡。
4. 用調酒匙抵住冰塊使其固定，再沿著調酒匙安靜地注入濃縮咖啡。
5. 盛入冰淇淋，倒入榛果利口酒，再淋上巧克力醬。

BANANA (ICED)
COFFEE STAND 28

使用完整一根香蕉製作的甜點飲料。為了能成為品嚐濃縮咖啡的契機，而大膽地以另外附上的方式提供濃縮咖啡。可以分開品嚐，也可以邊加進果汁內邊飲用，能依照個人喜好的方式品嚐。香蕉果汁使用北海道產的蜂蜜「百花蜜」。

材料（1杯的量）

香蕉…1根　牛奶…100ml
鮮奶油…30ml　蜂蜜…20g
精製細砂糖…5g　濃縮咖啡…30ml
冰塊（立方體）…適量

作法

1. 將濃縮咖啡和冰塊以外的材料全放進果汁機內充分攪拌混合。
2. 萃取濃縮咖啡。
3. 在玻璃杯內放入冰塊，注入1，再另外擺放2一起提供給客人。

Point

香蕉果汁若調製得甜一點，會和濃縮咖啡非常契合。依照香蕉的成熟度，調整蜂蜜、精製細砂糖的量。

冰蒲公英拿鐵
muumuu coffee

用愛樂壓（Aero Press）萃取的蒲公英咖啡。蒲公英咖啡是使用澳大利亞BONBIT公司的產品，它是由烘焙的蒲公英和菊苣的根混合調製而成。能在黑糖或焦糖的甜味中，感覺到若隱若現的蒲公英的獨特苦味。

材料（1杯的量）

蒲公英特調咖啡粉（細度研磨）…4g　熱水…60ml
牛奶…150〜160ml　冰塊（立方體）…2〜3個

作法

1. 將蒲公英特調咖啡粉放入愛樂壓（Aero Press）內，注入煮沸的熱水充分攪拌混合，靜置3分鐘以萃取咖啡。
2. 將1放進雪克杯內。
3. 用比雪克杯更大的容器（大牛奶壺等）製作冰塊水，將2連同雪克杯一起放進容器中晃動，讓它急速冷卻。
4. 在玻璃杯內倒入牛奶和冰塊，讓3抵著冰塊，緩慢地注入做出層次。

Point

連同雪克杯一起放進冰塊水內，能在不使原液變稀的情形下達到冷卻的效果。

鹽味焦糖拿鐵
AIRSIDE CAFE

嘗試使用多種鹽之後，終於確定岩鹽是左右這道飲料味道的關鍵。焦糖的甜味和岩鹽具深度的鹹味非常契合。注入濃縮咖啡時，若能緩慢地從冰塊上方倒入，即可做出美麗的外觀。

材料（1杯的量）

冰塊（立方體）…適量
口香糖糖漿…30ml
焦糖糖漿…15ml
牛奶…適量
濃縮咖啡（單一）…1份
岩鹽…1小撮　鮮奶油…適量
焦糖醬…適量　可可粉…適量

作法

1. 在玻璃杯內放入冰塊，加入口香糖糖漿、焦糖糖漿，倒入個人喜好的牛奶量。
2. 萃取濃縮咖啡，在當中放入岩鹽並充分溶解。
3. 將2緩慢地注入到1內。
4. 擠上鮮奶油，在上面淋上焦糖醬，然後撒上可可粉。

鹽味
焦糖拿鐵

咖啡冰

咖啡冰牛奶
HITSUJI茶房（綿羊茶房）

使用煉乳和楓糖糖漿這2種甜味材料做出圓潤甜味，然後用牛奶稀釋咖啡冰，是在冰塊溶化的同時享受咖啡風味的飲料。注入牛奶後，只要加入一點點熱咖啡，即可讓冰塊容易溶解。

材料（1杯的量）

咖啡冰（※）…放滿整個玻璃杯
牛奶…適量

作法

1. 在玻璃杯內放入咖啡冰，注入牛奶。

※咖啡冰的製作方法

利用咖啡濾紙滴漏萃取冰咖啡用的咖啡豆，做出600ml的咖啡。趁熱加入3大匙煉乳和2大匙楓糖糖漿攪拌混合。放進冷凍用的容器內冷卻凝固，結凍後再切成一口大小的骰子狀。

CHAPTER 5

含酒精飲品
Alcohol Drink

Sazerac Coffee House

COFFEE/BAR TRAM

以被譽為世界上歷史最悠久的雞尾酒「Saz-erac」為基底調製而成的飲品。在黑麥威士忌中浸漬世界上歷史最悠久的咖啡「埃塞俄比亞摩卡（Ethiopian Mocha）」的咖啡豆，增添咖啡風味。穩重的風味，是讓人想坐下來慢慢飲用的一杯。

材料（1杯的量）

冰塊（立方體）…適量
苦艾酒（可用Pernod（一種茴香酒）代替）…適量
角砂糖…2個
甘草苦味…4滴
浸漬了咖啡的黑麥威士忌…40ml

作法

1. 在舊式玻璃杯（或用高腳杯、咖啡杯）內放入冰塊，噴灑苦艾酒。
2. 在另一個容器內放入角砂糖並滴入甘草苦味，然後注入黑麥威士忌後攪拌到砂糖溶化。
3. 將2倒進1的玻璃杯內即可。

※ 浸漬了咖啡的黑麥威士忌的製作方法

將深度烘焙的埃塞俄比亞摩卡（Ethiopian Mocha）咖啡豆10g，放入黑麥威士忌100ml當中浸漬約3～4天。過濾後取出咖啡豆，裝入瓶內保存。

Orient Express
COFFEE/BAR TRAM

參考被稱作咖啡起源的埃塞俄比亞（Ethiopian）的「含鹽咖啡」製成。將以往透過東印度公司傳到歐洲的咖啡和當時貿易間偶然做出來的雪利酒混合，再將杏桃的果香甜味作為特色增添其中。是相當獨特好喝的飲品。

材料（1杯的量）

A
　深度烘焙咖啡…45ml
　雪利酒（East India Solera）…45ml
　杏仁利口酒（可用Crème de
　Noyaux、杏仁酒代替）…15ml
　巧克力苦味（可用Aphrodite Bitters、
　Bob's Chocolate Bitters代替）
　…約1ml
咖啡豆（研磨品）…少許
鹽…少許　冰塊（立方體）…適量

作法

1. 將研磨的咖啡豆和鹽以1：1的比例混合，抹在高腳玻璃杯（或用苦艾酒玻璃杯）一半的杯緣上。
2. 在玻璃杯內放入冰塊和A，充分攪拌混合至冷卻為止。

Vigoroso —元氣一杯—
OSTERIA BAR VIA POCAPOCA

從愛爾蘭咖啡構思而來的咖啡雞尾酒。使用具南國風情的烈酒「麥斯蘭姆酒（Myers's Rum）」，用冰塊冷卻後做成適合夏季的飲料。濃醇的黑蘭姆酒和濃縮咖啡的契合度超群。

材料（1杯的量）

濃縮咖啡…50ml
精製細砂糖…12g
麥斯蘭姆酒Myers's Rum Original
　Dark…30ml
冰塊（碎冰）…適量
鮮奶油…30ml

作法

1. 在濃縮咖啡內加入精製細砂糖，充分攪拌混合溶解。
2. 在攪拌玻璃杯內倒入蘭姆酒和冰塊，再加入1混合。
3. 注入到雞尾酒玻璃杯內，安靜地擺上打至3分發的鮮奶油。

Davvero？ －真的？－
OSTERIA BAR VIA POCAPOCA

濃縮咖啡的酸味和圓潤苦味、黑醋栗利口酒的果實風味和清爽甜味，以及牛奶的潤澤感，三者共同合奏出絕妙的協奏曲。黑醋栗利口酒不妨採用能夠展現鮮明黑醋栗感的「LISETTE」。

材料（1杯的量）

冰塊（立方體）…適量
LISETTE Crème de Cassis（黑醋栗酒）…30ml
牛奶…70ml　濃縮咖啡…25ml

作法

1. 放入冰塊至玻璃杯的8分滿，注入黑醋栗酒Crème de Cassis和牛奶。
2. 慢慢注入萃取的濃縮咖啡。

Point

抵住冰塊並緩慢地注入濃縮咖啡，即可在玻璃杯當中呈現出層次。

SMASH
IL TOBANCHI

用咖啡調製莫吉托的特色飲品。加入有百香果香氣和濃郁感的香料蘭姆酒SPICED RUM，是調製時的一大重點。讓店內使用的特調咖啡原本的複雜香氣更加複雜化，使味道產生深層風味。

材料（1杯的量）

薄荷葉…6片
百香果糖漿…15ml
檸檬酒Limoncello…10ml
香料蘭姆酒SPICED RUM…10ml
砂糖…5g
濃縮咖啡…30ml
冰塊（碎冰）…適量
碳酸水…適量
切成圓片的檸檬…1片
裝飾用的薄荷葉…1片

作法

1. 在玻璃杯內放入薄荷葉3片，再加入百香果糖漿、檸檬酒Limoncello、SPICED RUM、砂糖，用調酒匙邊弄碎薄荷邊攪拌。
2. 注入萃取的濃縮咖啡，充分攪拌混合。
3. 將冰塊放至8分滿，放入薄荷葉3片，再從上方放入冰塊至塞滿整個玻璃杯。
4. 從上方注入碳酸水，再以薄荷葉和檸檬裝飾。

Coffee & Chestnut
COFFEE/BAR TRAM

以蛋糕的經典組合「黑醋栗和栗子」為基礎，再混入和栗子口感極搭的咖啡，做成甜點風味的雞尾酒。咖啡選用有香甜堅果特色的產品，會和溫和柔軟的栗子味道更契合。

材料（1杯的量）

深度烘焙咖啡…50ml
白蘭地…25ml
黑醋栗（整顆的）…1茶匙
栗子膏…1茶匙
冰塊（碎冰）…適量
裝飾用的咖啡粉…適量
裝飾用的咖啡豆…3粒

作法

1. 除了裝飾用的咖啡粉及咖啡豆以外，其他材料全部放進攪拌機內充分攪拌混合。

2. 試一下味道後，放入少量冰塊再度啟動攪拌機，讓它充分冷卻。

3. 注入到冰咖啡用的銅杯（或用雞尾酒玻璃杯）內，撒上研磨的咖啡粉，讓咖啡豆漂浮其中。

Flaming
Americano
Espresso & Bar LP

將雞尾酒手法之一的「Flaming」應用到咖啡飲品上。在蘭姆酒上點火以緩和酒精成分並留下風味。由於會燃起藍白色火焰，在現場表演也非常具有可看性。店內的蘭姆酒使用酒精濃度較高的RONRICO151。

材料（1杯的量）

蘭姆酒（RONRICO151）…30ml
熱水…150ml
濃度加倍的濃縮咖啡（Ristretto）…20ml

作法

1. 準備2個溫熱好的牛奶壺，其中一個裝蘭姆酒，另一個裝熱水。
2. 在裝有蘭姆酒的那個壺上點火，然後趁勢注入到另一個牛奶壺內。
3. 重覆2的技法約5～6次，再注入到裝有濃縮咖啡的杯子內即可。

Espresso Bon Bon

Espresso & Bar LP

美麗且層次分明的三層咖啡雞尾酒。依貝禮詩香甜酒、白蘭地等順序，將比重較重的先倒進玻璃杯內，即會產生漂亮的層次。在白蘭地上撒肉桂粉後點火，做成Whiskey Bon Bon般的風味。

材料（1杯的量）

濃縮咖啡…20ml
精製細砂糖…3g
貝禮詩香甜酒…20ml
白蘭地…20ml
肉桂粉…適量

作法

1. 在濃縮咖啡中放入精製細砂糖，攪拌混合再放涼備用。
2. 清除1表面上漂浮的泡沫後，依貝禮詩香甜酒、白蘭地的順序安靜地注入到利口酒玻璃杯內。
3. 撒上肉桂粉，在玻璃杯的表面點火。
4. 火焰消失後才供應給客人。

Café Sambuca

喫酒　幾星

使用和咖啡味道契合的義大利茴香酒「珊布卡（Sambuca）」與濃郁萃取的咖啡搭配。咖啡使用深度烘焙的咖啡豆27g，以100℃的熱水滴漏萃取。整體呈現出後勁香醇的風味。

材料（1杯的量）

咖啡…40ml
利口酒珊布卡（Sambuca）…30ml

作法

1. 萃取咖啡。
2. 在小咖啡杯內倒入Sambuca，再從上方注入咖啡混合。

店家自製咖啡
利口酒的雞尾酒

喫酒　幾星

以伏特加和深度烘焙的咖啡製成，具刺激感又沁涼美味的咖啡雞尾酒。將咖啡豆浸泡在伏特加內製成咖啡利口酒，然後在當中混入具有獨特濃醇感與甜味的甘蔗糖漿。

材料（1杯的量）

冰塊（圓形的）…1個
店家自製的咖啡利口酒（※）…30ml
Trois-Rivières糖漿（甘蔗糖漿）
　…2茶匙

作法

1. 在玻璃杯內放入冰塊，注入店家自製的咖啡利口酒。
2. 加入甘蔗糖漿攪拌混合。

※店家自製的咖啡利口酒的製作方法

將伏特加700ml和咖啡豆（深度烘焙）200g混合，在常溫下放置1天半後，轉放至冷凍庫內靜置3天，然後濾掉咖啡豆即可。

愛爾蘭咖啡

喫酒　幾星

1杯咖啡使用深度烘焙的咖啡豆27g。利用滴漏萃取法以100℃的熱水萃取出最初約40ml的量，然後再快速沖煮。接受客人點餐後才會開始準備淡奶油，萃取咖啡，充分展現出現做的美味。

材料（1杯的量）

鮮奶油…30ml
淡奶油用精製細砂糖…1茶匙
咖啡…120ml
愛爾蘭威士忌…30ml
精製細砂糖…茶匙1/2匙

作法

1. 在鮮奶油內混入精製細砂糖，再打至8分發。
2. 萃取咖啡。
3. 將愛爾蘭威士忌和精製細砂糖倒進燙酒壺（酒器）內，從上方注入咖啡混合。
4. 各燙酒壺皆隔水加熱約1分鐘。玻璃杯先注入熱水溫好備用。
5. 將燙酒壺的液體倒進玻璃杯內，擺上淡奶油。

明尼桔柚與MIZUNARA
的愛爾蘭咖啡

SPECIALTY COFFEE&MIXOLOGY CAFE Knopp

在傳統的愛爾蘭咖啡中添加愛爾蘭威士
忌，對清爽的酸味相當講究，而選用帶有
柑橘或橘皮香氣的MIZUNARA。將其和
多汁的明尼桔柚（Minneola tangelo）
混合，做出酸甜濃郁的滋味。最後以苦精
（Ang-ostura Bitter）提味。

材料（1杯的量）

明尼桔柚（Minneola tangelo）…1/2個
MIZUNARA（Chivas Regal MIZUNARA Special
　Edition）…45ml
苦精（Angostura Bitter）…約1ml
熱水…40ml
濃縮咖啡（Costa Rica Aguilera Brothers）…50ml
精製細砂糖…8g　鮮奶油…60ml
明尼桔柚的外皮…少量

作法

1. 將明尼桔柚搾成汁。
2. 混合1、MIZUNARA、苦精。
3. 在2內加入熱水，蒸氣加熱。
4. 將3倒進玻璃杯內，使用咖啡濾網邊去除浮沫邊放入
　濃縮咖啡，再加入精製細砂糖充分攪拌混合。
5. 用雪克杯搖晃鮮奶油。
6. 使用調酒匙，讓5安靜地順著調酒匙流入杯中，形成
　上下2層。
7. 擠壓明尼桔柚的外皮添加香氣後，以其外皮裝飾。

Point

用雪克杯搖晃鮮奶油時，連濾網
的彈簧也一起放進去，能打出質
地細緻的泡沫。

博多AMAOU草莓
與烘焙可可的
咖啡馬丁尼

SPECIALTY COFFEE&MIXOLOGY CAFE Knopp

店家自製的可可伏特加不僅能享受到可可本來的風味，而且能簡單地完成調製。和濃縮咖啡的契合度也相當出色。玫瑰泡沫的香氣帶來高級感。

材料（1杯的量）

紅玫瑰（花草茶）…適量
卵磷脂…適量
濃縮咖啡…50ml
精製細砂糖…8g
草莓（AMAOU）…4個
店家自製的可可伏特加（在伏特加內讓可可香氣轉移到當中）…30ml
Rose infusion Cointreau（在君度橙酒內浸漬紅玫瑰的花瓣）…5ml
糖漿…2茶匙
煎焙可可…1粒（0.5g）
鮮玫瑰花瓣（Bellerose）…適量

作法

1. 萃取出濃郁的紅玫瑰茶，加入卵磷脂，用空氣泵浦打入空氣製作玫瑰泡沫。
2. 在濃縮咖啡中加入精製細砂糖，充分攪拌混合再急速冷卻。
3. 切開草莓，用搗碎杵搗碎。
4. 在3當中加入可可伏特加、Rose infusion Cointreau、糖漿。試一下味道，如果甜度不足可再加入糖漿調整。
5. 在4當中添加冰塊（份量外）後搖晃。
6. 倒進玻璃杯內。
7. 從液面的正中央安靜地將2的濃縮咖啡注入杯內，做出上下2層。
8. 利用研磨缽（石臼）將已經去殼的烘焙可可搗碎成粉末狀。
9. 四處散放8的可可粉，擠入1的玫瑰泡沫，再以鮮玫瑰花瓣裝飾。

哈密瓜與肯亞Gatomboya的
甜美交響曲
SPECIALTY COFFEE&MIXOLOGY CAFE Knopp

使用清爽酸味中帶甜蜜後味的肯亞加圖柏亞（Gatomboya）咖啡豆。急速冷卻後，和翠綠多汁又具甜味的哈密瓜搭配，能呈現出立體的風味。然後，具有橡樹或柑橘芳香的蘭姆酒PYRAT RUM或芫荽，皆能誘發出複雜的甘甜味。

材料（1杯的量）

濃縮咖啡（Kenya Gatomboya）
　…25ml

精製細砂糖…6g

哈密瓜…1/16個

蜂蜜…3g

芫荽籽…少許

PYRAT RUM…10ml

萊姆…1/8個

作法

1. 在濃縮咖啡中加入精製細砂糖，充分攪拌混合後，讓它急速冷卻。

2. 切開哈密瓜，用搗碎杵完全搗碎成果汁狀。

3. 在2內加入蜂蜜、用研磨棒磨好的芫荽籽、PYRAT RUM，再將萊姆搾出汁充分攪拌混合。

4. 將1的濃縮咖啡沿著玻璃杯的邊緣安靜注入，讓杯內呈現上下2層。

5. 撒上芫荽籽，再用哈密瓜的皮裝飾。

Caffè Shakerato
Arancione
Per Tossini

義大利小酒吧中經典「Shakerato」的特調款。在Shakerato的底部放入柳橙風味的果醬，上方再擺放柳橙的薄切片。不僅如此，還特地用另一個短飲型的玻璃杯裝入含君度橙酒的柳橙汁附在旁邊，可以一點一點地少量加進飲料中享用，享受柳橙香氣的變化。

材料（1杯的量）

濃縮咖啡…40ml

口香糖糖漿…10ml

冰塊（立方體）…適量

香橙果醬…10g

柳橙（切薄片）…1片

君度橙酒（Cointreau）…20ml

柳橙汁…5ml

作法

1. 將極細度研磨的咖啡豆（義大利產Alberto Verani）14g，用稍微增加夯實搗固壓力的濃縮咖啡機，以每次萃取20ml的方式分次萃取。將萃取的咖啡液倒進雪克杯中，加入口香糖糖漿、冰塊後搖晃。

2. 在雞尾酒玻璃杯內放入香橙果醬，注入1，再擺上柳橙切片。

3. 將君度橙酒和柳橙汁倒進短飲型的玻璃杯內，附在2旁一起提供給客人。

葡萄酒
雞尾酒

法式檸檬水

neu.cafe 千里總店

帶有清爽感的葡萄酒雞尾酒隱約透出檸檬若隱若現的酸味。調製前先準備此雞尾酒專用且命名為蜂蜜檸檬的檸檬水。讓順口好喝的特選紅葡萄酒搭配以蜂蜜增加甜度的檸檬水，兩種味道非常契合。外觀質樸簡約，但口感甘甜濃醇！

材料（1杯的量）

特選紅葡萄酒…45ml
蜂蜜檸檬（※）…30ml
口香糖糖漿…15ml
冰塊（立方體）…2個

作法

1. 將全部的材料放進玻璃杯內充分攪拌混合再取出冰塊。

※蜂蜜檸檬的製作方法

以蜂蜜：檸檬果汁＝1：2的比例混合。

Negroni Fittingly Art

Punto e Linea

將金巴利酒（Campari）、苦艾酒（Vermouth）、乾杜松子酒（Dry-style Gin）調製的「內格羅尼（Negroni）」加以變化的特調飲。以1：1：1的份量輕鬆製成，卻能充分保留住金巴利酒的特色苦味。想要調製出厚重的感覺時，可將甜味苦艾酒（Vermouth Rosso）改為琴夏洛紅香艾酒（Cinzano Rosso）再加一些淡味的馬丁尼苦艾酒（Martini Rosso）。

材料（1杯的量）

冰塊（大塊的立方體）…1個
金巴利酒…30ml　甜味苦艾酒…30ml
起泡酒…30ml　柳橙薄片…適量

作法

1. 在俗稱威士忌杯的開口杯內放入大塊的立方體冰塊。
2. 依序注入金巴利酒、甜味苦艾酒。
3. 緩慢地注入起泡酒，輕輕混合。
4. 以縱向插入柳橙薄片避免冰塊移動。

Point

稍微增加一點金巴利酒的量，即可增強風味。

Idoro
Punto e Linea

將香草和八角的利口酒「Varnelli」調製得更順口的原創雞尾酒。為了讓3種酒的果凍有各自不同的口感而特地改變了吉利丁的份量。果凍會在含入口中後逐漸溶解，慢慢轉變為雞尾酒。

材料（1杯的量）

Varnelli果凍（※）…1茶匙
Arancello果凍（※）…1茶匙
金巴利酒果凍（※）…1茶匙
氣泡酒…適量
墨角蘭（marjoram）…適量

作法

1. 在葡萄酒杯內注入氣泡酒，用茶匙舀出3種果凍放入。
2. 以墨角蘭裝飾。

※Varnelli果凍的製作方法

將Varnelli 50ml、水75ml、砂糖17g放進鍋內開火，使酒精飛散。稍微冷卻後加入吉利丁1.5～2g溶化，待剛起鍋的熱度散去後，放進冰箱冷卻凝固。

※Arancello果凍的製作方法

將Arancello 30ml、柳橙汁125ml、砂糖20～30g放進鍋內開火，使酒精飛散。稍微冷卻後加入吉利丁3g溶化，待剛起鍋的熱度散去後，放進冰箱冷卻凝固。

※金巴利酒果凍的製作方法

將金巴利酒50ml、水75ml、砂糖17g放進鍋內開火，使酒精飛散。稍微冷卻後加入吉利丁2.5g溶化，待剛起鍋的熱度散去後，放進冰箱冷卻凝固。

Point

用茶匙舀出果凍時如果能舀得大塊一點，能讓外觀看起來更華美。

店家自製桑格莉亞
neu.cafe 千里總店

在紅葡萄酒內加入蘋果泥和蜂蜜製成的桑格莉亞（Sangría）。提供給客人時會再放入冰凍的水蜜桃等水果。由於使用了大量水果，連不擅葡萄酒的人也給予好評。外觀宛如甜點，品嚐冰凍水蜜桃也相當有樂趣。

材料（1杯的量）

桑格莉亞（Sangría）※…150ml
水蜜桃…1/8個　薄荷葉…適量

作法

1. 在玻璃杯內放入桑格莉亞，讓水蜜桃漂浮其間，再用薄荷葉裝飾。

> ※ 桑格莉亞（Sangría）的製作方法
>
> 將紅葡萄酒750ml、100%的鳳梨原汁250ml、蘋果泥1個的量、蜂蜜2大匙放入瓶內充分攪拌混合再冷藏一晚。

Aperol Spritz
Punto e Linea

使用柳橙和藥草的利口酒「Aperol」調製。藥草的苦、水果的酸與甜，均勻地融合調味。利用碳酸刺激胃部促進食欲。Aperol本身是低酒精的利口酒，比金巴利酒更不易調味，因此必須邊試味道邊調整份量。

材料（1杯的量）

冰塊（立方體）…5～6個
Aperol…45～50ml
白葡萄酒…30ml　檸檬果汁…20～30ml
氣泡酒…適量　蘇打水…適量
柳橙薄片…適量

作法

1. 在玻璃杯內放入冰塊，加入Aperol。
2. 加入白葡萄酒，搾出檸檬汁輕輕混合。
3. 將氣泡酒注入至玻璃杯8分滿。
4. 依個人喜好的份量加入蘇打水，再用柳橙薄片裝飾。

Point

想要使味道濃郁時，可以只加少許蘇打水；想要調製成溫和口感時，可注入蘇打水至玻璃杯的9分滿。

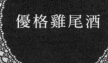

優格雞尾酒

ELMA
neu.cafe　千里總店

neu.cafe的店主重現曾在美國華盛頓州艾爾瑪（Elma）品嚐過的特色雞尾酒。將優格利口酒和保留果肉且味道濃醇的店家自製芒果汁以相等份量加入調製，再以蘭姆酒帶出特色亮點。最後擺上乾燥的玫瑰花蕾和薄荷葉，做出豐富色彩和香氣。

材料（1杯的量）

A
┌ 優格利口酒…15ml　蘭姆酒…15ml
│ 店家自製芒果汁（※）…適量
└ 冰塊（立方體）…4個
乾燥的玫瑰花蕾…適量
薄荷葉…適量

作法

1. 將 A 倒進玻璃杯內，充分攪拌混合。
2. 以乾燥的玫瑰花蕾和薄荷葉裝飾。

※店家自製芒果汁的製作方法

將100%芒果汁 1ℓ 和芒果100g用食物調理機混合。

黑醋栗莓果優格
cafe&music timepiece cafe

軟性飲料感覺的順口雞尾酒。放入冷凍果凍後加入優格，能讓莓果漂浮在當中，使外觀甜美可愛。

材料（1杯的量）

黑醋栗利口酒…30ml
杜松子酒利口酒…10ml
冰塊（立方體）…適量
冷凍綜合莓果…25g
優酪乳…120ml
柳橙果肉…少許
細葉芹…適量

作法

1. 玻璃杯內依序放入黑醋栗利口酒、杜松子酒利口酒、冰塊、冷凍綜合莓果、優格。
2. 將柳橙果肉分散地放入杯中，再以細葉芹裝飾。

Jasmine Mojito
FLOWERS Common

飄散著花朵香氛的茶類雞尾酒。選用與茉莉花茶口感契合的荔枝汁，做成風味清爽，適合女性品嚐的酒精飲品。將薄荷葉放進玻璃杯內，展現人氣雞尾酒「莫吉托（Mojito）」的風格。

茶類雞尾酒

材料（3～4杯的量）

蘭姆酒…40ml
茉莉花茶（沖煮成偏濃口感）…40ml
番石榴汁（芭樂汁）…20ml
荔枝汁…20ml
口香糖糖漿…適量
檸檬（果汁）…適量
切成圓片的萊姆…適量
薄荷葉…適量
冰塊（碎冰）…適量

作法

1. 將蘭姆酒、茉莉花茶、番石榴汁（芭樂汁）、荔枝汁、口香糖糖漿、檸檬果汁充分攪拌混合。
2. 在細頸瓶內放入萊姆、薄荷葉、冰塊，再注入1。

柚子生薑雞尾酒

蜂蜜柚子生薑
cafe&music timepiece cafe

利用薑汁汽水稀釋含有柚子果汁的小麥燒酒「柚子小町」，做成口感清爽的雞尾酒。柚子果醬的柳橙色和薑汁汽水的淡金色層次，讓外觀更顯華美。提供給客人時會插入攪拌棒，讓客人自行攪拌。

材料（1杯的量）

柚子小町…30ml
柚子果醬（內含蜂蜜）…2大匙
冰塊（立方體）…適量
薑汁汽水（甜味）…185ml
薄荷葉or細葉芹…適量

作法

1. 在玻璃杯內依序放入柚子果醬、柚子小町、冰塊、薑汁汽水，再以薄荷葉or細葉芹裝飾。

Point

柚子果醬使用含有蜂蜜的產品。如果沒有這種產品，可用柚子果醬1大匙、蜂蜜1大匙代用。

刊載的各店資訊

Shop Information

ALOHA LOCO CAFE by Funky B2 Garden

以「夏威夷」為概念的咖啡店，於2014年11月遷址開幕。除了薄煎餅（Pancake）或米飯漢堡（Loco Moco）等夏威夷人常吃的料理外，也供應夏威夷的啤酒或紅酒，以及店家自製的冰沙等飲品。設有兒童遊樂區，也非常受到攜帶孩童的家庭喜愛。

◆地址／東京都杉並區西荻北
　3-25-1 七宝ビル 2F
◆TEL／+81-80-4817- 3715
◆營業時間／11點30分～
　　　　　　23點30分
◆公休日／週一（逢例假日時則為
　隔天的週二公休）
◆坪數、座位數／27.5坪、40席
◆URL／http://bunbmond.com/
　fb2garden

IL TOBANCHI

由1位咖啡師與1位料理人共同經營的咖啡酒吧。他們各自奉獻自己的專業知識與對方配合，設計出豐富多彩的菜單，十分具有魅力。店主是咖啡師鳥羽先生。他最得意的是消弭了濃縮咖啡的既定概念，做出各種獨具特色的咖啡風味特調飲品。

◆地址／京都府京都市中京區小川
　通三条下ル狸々町 123
◆TEL／+81-75-555-9271
◆營業時間／18點～翌2點
◆公休日／週二
◆坪數、座位數／75坪、31席
◆URL／http://www.il-tobanchi.
　com

AIRSIDE CAFE

2008年開幕，以機場休息室為形象設計的咖啡餐飲店。喜愛旅行的店主將旅遊各國各地時遇到的料理和飲品等，設計成變化豐富的菜單。其中，飲料也從「有挑選樂趣」的想法出發，平常更備有160種飲料陣容供客人選擇。

◆地址／三重縣四日市市中川原
　1-1-25 ロイヤルサイキ 1F
◆TEL／+81-59-351-7772
◆營業時間／11點～16點30分
　（L.O. 16點）、18點～23點
　（L.O. 22點）
◆公休日／週二
◆坪數、座位數／110坪、80席
◆URL／http://airside-central.
　com/asc

Espresso&Bar LP

以「成熟大人的下課後」為構想概念。除了標準雞尾酒和原創雞尾酒以外，也提供以LA CIMBALI的SELECTRON沖煮的濃縮咖啡或美式咖啡製成的特調飲品。也有機會看見咖啡師橫田先生表演的咖啡火焰秀。

◆地址／埼玉縣北本市中央3-112
　豊田ビル 2F
◆TEL／+81-48-501-8585
◆營業時間／18點～翌3點
◆公休日／不定期公休
◆坪數、座位數／10坪、18席
◆URL／http://esp-bar-lp.net

OSTERIA BAR VIA POCAPOCA

佇立在東京惠比壽巷弄內的OSTERIA BAR。店內除了咖啡桌雅座外，亦提供長板凳（立飲區）。料理以義大利北部2個州的鄉土料理為主題，還能夠品嚐到咖啡師親自沖煮的濃縮咖啡或酒類飲品等。

◆地址／東京都渋谷區惠比壽
　1-24-12 戶塚ビル102
◆TEL／+81-3-5422-6362
◆營業時間／11點45分～14點30
　分（L.O. 14點）、18點～24點
　（L.O. 23點）
◆公休日／週一
◆坪數、座位數／10坪、22席
◆URL／無

與茶一同旅行的紅茶店　百色水／Fika

身為Tea Time Coordinator（下午茶協調員）＆Food Coordinator（食物協調員）的大谷先生改裝自家客廳經營的茶飲店。現場除了販售約40種原創茶葉外，也可以在咖啡店空間品嚐到配合季節挑選的數種紅茶。另外，也供應午餐（預約制）或烘焙甜點。

◆地址／京都府木津川市兜台
　7-12-10
◆TEL／+81-774-73-3310
◆營業時間／10點～16點
◆公休日／週三～週六
◆坪數、座位數／8坪、14席
◆URL／http://www.moiromi.
　com

cafe&music timepiece cafe

被北歐Vintage家具環繞的咖啡餐飲店。專為獨特創作菜單或店家自製點心前來造訪的女性顧客眾多。晚上則是以附上原創雞尾酒、沙拉、麵食or白飯、飲料、小甜點的晚餐套餐最受歡迎。

- ◆地址／京都府京都市下京區四條河原町西入ル御旅町19 池善ビル 3F・4F
- ◆TEL／+81-75-221-6226
- ◆營業時間／11點30分～23點、週五・週六～24點
- ◆公休日／無休
- ◆坪數、座位數／22坪、45席
- ◆URL／http://www.timepiece cafe.jp

Cafe Ohana

店內是以佇立在夏威夷偏僻鄉間的咖啡商店的印象進行設計。除了使用法式濾壓壺（French Press）以外，還會以另外2種方式萃取咖啡供應給客人。同時，店主亦重現了在夏威夷品嚐的風味，調製出12種不同口味的冰沙，是店內的招牌菜單。店內深處另設置由店主妻子經營的美容室。

- ◆地址／愛知縣名古屋市中村區太閣 4-3-2
- ◆TEL／+81-52-710-8616
- ◆營業時間／09點～18點
- ◇公休日／週三
- ◆坪數、座位數／10坪、12席
- ◆URL／http://ohana.main.jp

Cafe Kurata

2012年12月開幕，提供大量使用蔬菜或豆類、五穀雜糧等健康食物和點心的咖啡店。以無農藥蔬菜、以傳統釀造製法製成的調味料等精心製作料理。店內也相當講究自然素材，充滿溫馨氣氛。店內2樓開設的料理教室也很受歡迎。

- ◆地址／福岡縣糟屋郡粕屋町長者原東 2-13-1
- ◆TEL／+81-92-938-8886
- ◆營業時間／10點～18點（L.O. 17點30分）
- ◆公休日／週五
- ◆坪數、座位數／34席
- ◆URL／http://www.cafekurata.com

CAFFE SCIMMIA ROSSO

佇立住宅街道上的小咖啡店。熱衷研究的店主做出各種洋溢創意的原創飲料，各個深獲好評。他很重視手工製作的感覺和外觀呈現的美麗，推出約100種創意飲品。也有許多回頭客是特地來店享用每年只在此時期才品嚐得到的限定飲品。

- ◆地址／岐阜縣本巢郡北方町柱本南 2-49
- ◆TEL／+81-58-324-1243
- ◆營業時間／09點～19點、週六日及例假日08點～18點
- ◆公休日／週一、每月最後一個週二
- ◆坪數、座位數／14坪、22席
- ◆URL／無

cafe Tokiona

如同在巴斯克語中代表「環境舒適、甜品愛好者齊聚之地」涵義的店名，內部裝潢特別採用對人和環境皆溫和無害的素材。店內供應的早餐使用了系列店鋪「COBATOPAN工廠」製作的精緻山型吐司，午餐則是店家自製、能無限享用的貝果（Bagel），或是由布魯塞爾鬆餅（Brussels Waffle）加以變化製成的原創鬆餅。

- ◆地址／大阪府大阪市北區天滿 2-4-8 NACビル 1F
- ◆TEL／+81-6-6355-1117
- ◆營業時間／07點～20點
- ◆公休日／週三
- ◆坪數、座位數／26坪、30席
- ◆URL／http://tokiona.shop-pro.jp

Café 分福

以位於巴黎巷弄內的咖啡店為設計形象，室內擺放仿古家具打造溫馨感的裝潢深得女性喜愛。店主的妻子永妻女士擁有日本茶專業指導員的資格，她精選的日本茶和紅茶種類豐富多樣，品質也獲得極高評價。

- ◆地址／東京都杉並區高円寺南 3-23-18-1F
- ◆TEL／+81-3-3312-4885
- ◆營業時間／11點30分～22點（L.O.）、週日及例假日11點30分～18點（L.O.）
- ◆公休日／週一、第二個週二
- ◆坪數、座位數／10坪、18席
- ◆URL／http://blog.goo.ne.jp/getduffy_photolife

cafe maasye

隱蔽藏身於神戶南京町巷弄內的咖啡店。「希望能像在家裡那般放鬆自在」，因而準備了方便用餐的桌子以及舒適好坐的沙發。用法式濾壓壺（French Press）沖煮的咖啡，以及活用素材手工製作的食物與點心也相當受到注目。

- ◆地址／兵庫縣神戶市中央區元町通 2-4-6 2F
- ◆TEL／+81-78-321-7811
- ◆營業時間／10點30分～21點、週六日及例假日10點30分～20點
- ◆公休日／週二
- ◆坪數、座位數／12坪、24席
- ◆URL／無

喫酒 幾星

店內以「松本民藝」的家具和仿古擺設裝置，充滿昭和時代老咖啡館或酒吧的氣息。從河原町松原的『CAFE DE GAUDI』購入的咖啡豆，包括以哥倫比亞為基底的1種特調風味，以及店主偏好的2種曼特寧風味。沖煮方式則是使用彈簧式的滴漏式濾杯以高溫萃取。

- ◆地址／京都府京都市東山區大和大路通新橋上ル元吉町43 元吉明町ビル 1F
- ◆TEL／+81-75-551-1610
- ◆營業時間／15點～翌1點
- ◆公休日／週日
- ◆坪數、座位數／10坪、14席
- ◆URL／https://www.facebook.com/ixey26

COFFEE STAND 28

2013年10月開幕，店內以輕鬆享用精品咖啡（Specialty Coffee）為咖啡準則。也供應店家自製的磅蛋糕或法式鹹派。除了定期舉辦咖啡教室或現場活動外，亦免費出借店內牆壁作為展示畫廊等，期望能深根地區，成為扎根的店家。

- ◆地址／北海道札幌市白石區栄通18丁目 6-5 1F
- ◆TEL／+81-11-876-0729
- ◆營業時間／07點～19點、週六日及例假日10點～17點
- ◆公休日／週五
- ◆坪數、座位數／18坪、19席
- ◆URL／http://coffeestand28.com

熊貓印

在住宅街道內靜謐佇立的咖哩店。以「身體感到喜悅般的咖哩」為目標，意識到藥膳的益處而添加調味辛香料，或是在飯上擺放近10種炸蔬菜等。創意獨特且充滿季節感的「每週咖哩（每週皆會更換菜單）」也很受歡迎。

- ◆地址／埼玉縣さいたま市南區南浦和 1-6-8
- ◆TEL／未公開
- ◆營業時間／11點30分～15點（L.O. 14點）、17點～21點（L.O. 20點）
- ◆公休日／週一、二、三
- ◆坪數、座位數／11坪、11席
- ◆URL／http://kumanecojirusi.cocolog-wbs.com

Glorious Chain Café

時尚品牌『DIESEL』經營的咖啡店。提供火腿蛋鬆餅（Eggs Benedict）、薄煎餅（Pancake）、漢堡等既休閒又份量大的食物菜單。原創雞尾酒和「Diesel Farm」產地直送的紅葡萄酒「Diesel Farm Wine」皆極富好評。

- ◆地址／東京都渋谷區渋谷1-23-16 cocoti 1F
- ◆TEL／+81-3-3409-5670
- ◆營業時間／11點30分～23點（L.O. 22點30分）
- ◆公休日／不定期公休
- ◆坪數、座位數／35坪、45席
- ◆URL／http://www.diesel.co.jp/cafe

COFFEE/BAR TRAM

白天是使用專業焙燒爐煎焙製成的咖啡豆沖煮咖啡而獲得好評的咖啡店，晚上則是以苦艾酒為主，供應多種珍貴藥草釀製的利口酒的酒吧。酒吧供應的咖啡雞尾酒，是身為咖啡師的古屋先生與侍酒師竹村先生共同研發食譜製成。

- ◆地址／東京都渋谷區惠比壽西1-7-13-2F
- ◆TEL／+81-3-5489-5514
- ◆營業時間／Coffee Tram 10點～19點（L.O. 18點30分）、Bar Tram 19點～翌3點、週五・週六19點～翌4點、週日19點～翌2點
- ◆公休日／週一（僅Coffee Tram）
- ◆坪數、座位數／16坪、35席
- ◆URL／http://small-axe.net

酵素食道 Rainbow Raw Food

「Raw Food」是將蔬菜或水果等天然食材，以生食或加熱不超過48℃的烹調方式製作而成的餐飲。充滿夏威夷氣息的店內，以合理價格提供豐富多樣的正統Raw Food菜單。也定期舉辦有關Raw Food或冰沙的各種講座。

◆地址／東京都渋谷區惠比壽南 2-3-11　ダレース青山 2F
◆TEL／+81-3-6412-8689
◆營業時間／11點30分～15點 （L.O. 14點）、18點～22點 （L.O. 21點）
◆公休日／週日、例假日（有臨時公休）
◆坪數、座位數／約14坪、23席
◆URL／http://rainbowrawfood. com

shima

提供自家烘焙的公平貿易咖啡（Fair Trade Coffee）和手工點心，是存在感隱密的咖啡店。店主島田憲吾先生親自DIY設計、裝潢的店內，以白色為基調，打造出既時尚又穩重的空間。展示的古器具與雜貨，也創造了自在舒適的氣氛。

◆地址／東京都渋谷區元代々木町 9-6　フィッシュパーンビル 2F
◆TEL／+81-3-6912-9088
◆營業時間／13點～19點
◆公休日／不定期公休
◆坪數、座位數／10坪、13席
◆URL／http://cafe-shima.com

食堂cafe COUCOU

供應的菜單全部使用有機蔬菜或嚴選產地及生產者的食材製成，深獲好評。內部裝潢純手工打造，以白色和木質為基調，創造出清爽自然的寬廣空間。店家自製的餅乾、司康餅、果醬等種類豐富齊備，也提供外帶販售服務。

◆地址／埼玉縣坂戶市にっさい花みず木 5-6-7
◆TEL／+81-49-298-4910
◆營業時間／11點30分～17點
◆公休日／週三
◆坪數、座位數／20坪、23席
◆URL／http://coucou.cafe. coocan.jp

spoony cafe

以17、18歲～29歲前後的民眾為主要客群，提供多種女性喜愛的店家自製蛋糕、雪克或冰沙等能以點心感覺享用的甜點飲品。晚上供應的無酒精雞尾酒也頗受好評。午餐和晚餐則主要是準備麵食等義大利式的料理。

◆地址／愛知縣刈谷市青山町 1-151-7
◆TEL／+81-566-91-7779
◆營業時間／11點～24點、週五六及例假日前一日11點～翌1點
◆公休日／無休
◆坪數、座位數／47坪、77席
◆URL／http://spoony-cafe. com

SPECIALTY COFFEE&MIXOLOGY CAFE Knopp

使用京都烘焙所「Unir」購入的精品咖啡及當季水果調配製成的調酒咖啡（Mixology Coffee），相當受到矚目。店家代表塚田奈央小姐表示，「希望能推廣咖啡雞尾酒」。調酒飲品以合理價格約1000日圓左右販售。

◆地址／大阪府大阪市中央區南船場 1-12-27
◆TEL／+81-6-6227-8111
◆營業時間／11點～24點
◆公休日／週日
◆坪數、座位數／21坪、30席
◆URL／http://knopp.jp

Specialty Roasteria COFFEE FACTORY

1985年創業的自家烘焙店。店內有通過CQI國際咖啡品質研究組織認證的精品咖啡品質評鑑師Q Grade，及擁有咖啡評鑑師資格的咖啡師共4位。平常備有單一原創咖啡約16～17種，從中度淺烘焙到深度烘焙，各種烘焙的特調原創品牌備有約5種，種類非常豐富。

◆地址／茨城縣つくば市千現 2-13-1
◆TEL／+81-29-851-2039
◆營業時間／08點30分～18點30分
◆公休日／週四
◆坪數、座位數／28坪、16席
◆URL／http://coffeefactory.jp

Thrush//café

位於頗有文化與來歷的日本庭園「八芳園」內的花園咖啡店。能一邊眺望洋溢著自然風情的美麗庭園，一邊品嚐店家以「對身體有益」、「可以變美麗」為主題提供的食物、點心，以及各種飲品。

◆地址／東京都港區白金台 1-1-1
◆TEL／+81-3-3443-3105
◆營業時間／10點～22點、週六日及例假日08點～
◆公休日／無休
◆坪數、座位數／66坪、123席
◆URL／http://www.happo-en.com

cha-cafe 深綠茶房

由三重縣松阪市飯南町的茶農直營的日本茶咖啡店。為了更推廣生產量居全日本第3高的三重縣的茶，因而在2013年開幕。店內也供應特調飲品，提出各種有趣的品茶方案。客人多為女性，單獨前來亦可自在趨近的吧檯座位廣受好評，也有許多上班族愛好者。

◆地址／愛知縣名古屋市中村區名駅 4-26-25 メイフィス名駅ビル 1F
◆TEL／+81-52-551-3366
◆營業時間／11點～20點、週日及例假日11點～19點 ※不同時期可能略有異動
◆公休日／無休（12/31～1/2公休）
◆坪數、座位數／約18坪、25席
◆URL／http://www.shinsabo.com/cha-cafe.html

neu.cafe

以「熱情招待至親好友來家裡的款待心意」為概念，客席以沙發為主。店內擺設歐洲的仿古家具或日式家具，展現出能自在放鬆的舒適空間。菜色以義大利麵或法式麵包點心等西歐料理為主，雞尾酒的種類也相當豐富。

◆地址／大阪府箕面市船場西 3-6-40
◆TEL／+81-72-796-3751
◆營業時間／11點～24點、週五六及例假日前一日11點～翌1點
◆公休日／無休
◆坪數、座位數／55坪、42席
◆URL／http://www.neu-cafe.com

Hana Cafe Carrot

以身為北海道的魅力園丁而聞名的內倉真裕美女士是咖啡愛好者，在2005年開設自家烘焙咖啡店。真裕美女士的兒子大輔先生是擁有SCAA美國精品咖啡協會認證的杯測師以及CQI國際咖啡品質研究組織認證的精品咖啡品質評鑑師Q Grade的烘焙士，女兒淺野小百合小姐則是以咖啡師的身分協助營運。

◆地址／北海道惠庭市惠み野西 1-25-2
◆TEL／+81-123-36-4561
◆營業時間／10點～18點
◆公休日／週三
◆坪數、座位數／15坪、18席
◆URL／http://www.coffeecarrot.com/hanacafe.html

HITSUJI 茶房（綿羊茶房）

陳列多本繪本書籍，宛如個人住家房間般的空間。以養生飲食的無砂糖蘋果派為開端，手工製作各種對身體溫和有益的點心。與季節甜點盤或天然酵母的手工麵包搭配成套裝組合的湯品料理也很受歡迎。

◆地址／兵庫縣神戶市東灘區岡本 3-13-2 岡本ビル 1階北側
◆TEL／+81-90-9116-1348
◆營業時間／09點30分～20點（L.O. 19點）
◆公休日／週日、第二個和第四個週二
◆坪數、座位數／8坪、14席
◆URL／http://hitsuji658.exblog.jp

Book Cafe Gallery PNB-1253

在自然環境的圍繞下，能與藝術和書本相遇的知性療癒空間。連結入口與咖啡店的位置有展示長廊，咖啡店內也有販售二手書籍的區域。食物以100％秩父蕎麥粉的法式鹹可麗餅（Galette）為主，也供應公平貿易咖啡（Fairtrade Coffee）或紅茶。

◆地址／埼玉縣秩父郡皆野町大字下回野 1253-1
◆TEL／+81-494-62-6323
◆營業時間／11點～19點、12月上旬～2月底11點～18點30分
◆公休日／週三、第一個週四
◆坪數、座位數／20坪、12席
◆URL／http://www.pnb-1253.com

FLOWERS Common

依各區域改變主題，由多種主體組成，約170席的寬敞空間極富魅力，是能享受多元場景的咖啡店。除了塔帕斯（Tapas，西班牙飲食中的前菜）或披薩等適合分享共食的食物外，豐富的點心、茶專業指導員研發調製的茶飲也頗受好評。

◆地址／東京都渋谷區渋谷2-21-1 渋谷ヒカリエ 7F
◆TEL／+81-3-3486-2363
◆營業時間／11點～23點30分、週日11點～23點
◆公休日／無休（依設施休館日為準）
◆坪數、座位數／135坪、170席
◆URL／http://www.cafecompany.co.jp/brands/flowerscommon

Brooklyn Parlor新宿

「BLUE NOTE JAPAN, Inc.」製作的咖啡餐飲店。融合音樂、咖啡、書籍、餐飲、酒吧的空間擁有高人氣。除了美式風格的日常飲食外，另提供超過60種軟性飲料和無酒精雞尾酒，商品種類充實齊備。

◆地址／東京都新宿區新宿3-1-26 新宿マルイアネックス B1F
◆TEL／+81-3-6457-7763
◆營業時間／11點30分～23點30分、週日及例假日11點30分～23點
◆公休日／不定期（依大樓休館日為準）
◆坪數、座位數／127坪、150席
◆URL／http://www.brooklynparlor.co.jp

Punto e Linea

餐前、餐後在酒吧輕輕享用一杯美酒或濃縮咖啡，期待能在日本介紹義大利當地風俗習慣而誕生的咖啡酒吧。從經典雞尾酒到原創、甚至是無酒精的雞尾酒，由身為Bar Man的店主以雞尾酒為主大展身手。

◆地址／大阪府大阪市西區京町堀2-2-11
◆TEL／+81-6-6448-3456
◆營業時間／10點～24點（L.O.）、週六12點～
◆公休日／週三
◆坪數、座位數／10坪、9席
◆URL／無

BERRY'S TEA ROOM

以「正統紅茶與英式甜點」為概念的紅茶專門店。為了讓客人輕鬆享用紅茶，除了基本的紅茶外，也提供季節性的特調茶飲。店內供應在英國茶室受歡迎的甜點，且會每月更換甜點菜單。並且在店內及網路上販售茶葉。

◆地址／東京都杉並區濱田山2-24-1
◆TEL／+81-3-5930-9395
◆營業時間／12點～19點
◆公休日／週二、第一個週三
◆坪數、座位數／12坪、15席
◆URL／http://www.berrystearoom.com

Per Tossini

曾參與籌備東京都神宮前『BREAD, ESPRESSO &.』設立的野方一生咖啡師重新回到當地，於2012年開設了義式酒吧（Italian Bar）。除了午餐有附上店家使用佛卡夏麵包（Focaccia）的麵團製成的麵包外，咖啡、甜點、晚餐等範圍廣泛的料理菜單組成也很受歡迎。

◆地址／福岡縣福岡市中央區渡邊通2-3-19 ロマネスク天神南 1F
◆TEL／+81-92-717-5150
◆營業時間／12點～24點、週五六12點～翌1點
◆公休日／不定期公休
◆坪數、座位數／約14坪、約30席
◆URL／http://pertossini.amsstudio.jp

honohono cafe

店名在夏威夷語中代表「悠閒散步」之意。店面位於高圓寺的LOOK商店街，店內靈活運用了老房子的裝潢擺設，也提供榻榻米座位。在惬意悠閒的放鬆空間，提供大型的薄煎餅或配料豐富的湯品、夏威夷料理或民族風料理等。

◆地址／東京都杉並區高円寺南3-21-19
◆TEL／+81-3-3318-5100
◆營業時間／11點30分～23點
◆公休日／週二
◆坪數、座位數／12坪、28席
◆URL／http://honohonocafe.com

muumuu coffee

將位於老街的長屋自主改造（Self Renovation），做成咖啡專賣店。供應濃縮咖啡類型的咖啡飲品或自家烘焙的滴漏式咖啡等，成為當地居民的休憩場所。與草本咖啡店『Satellite Kitchen』共享店面經營生意。

◆地址／東京都墨田區京島 3-48-3
◆TEL／未公開
◆營業時間／11點～18點30分、僅週二早上營業07點30分～10點
◆公休日／週三
◆坪數、座位數／10坪、5席
◆URL／http://muumuucoffee.moo.jp

森之間 CAFE

設計成森林形象的自然空間是其一大特徵，且地板和桌椅等皆使用北海道產的間伐木材。除了使用『壽珈琲』（中央區南2東1）的咖啡豆沖煮的咖啡風味頗有好評外，供餐至下午3點的午餐以及德式風味的薄煎餅「Dutch Baby Pancake」也很受歡迎。

◆地址／北海道札幌市中央區南1條西2-18 IKEUCHI GATE 4F
◆TEL／+81-11-281-6617
◆營業時間／10點～20點
◆公休日／元旦
◆坪數、座位數／約25坪、40席
◆URL／http://www.kotobuki-coffee.com/morinomacafe

藥草 labo.棘

在屋齡約70年的獨棟建築內經營的咖啡店＆芳香治療沙龍（Aroma Treatment Salon）。咖啡店內能品嚐到糙米蔬食料理。店家在庭院栽培了藥草和日本的野草，除了能供應咖啡店內提供的草本茶（花草茶）外，也可添加至芳香治療的足浴當中，或是裝飾在桌上等，能活用於各種用途。

◆地址／愛知縣名古屋市昭和區神村町2-59
◆TEL／+81-52-880-7932
◆營業時間／咖啡廳（週一、二、五、六）11點～18點、芳香沙龍（週日、週四）10點～22點
◆公休日／週三
◆座位數／11席
◆URL／http://www.yakusoulabo-toge.com

6+E UNITED cafe

以手工製作的空間和「在旅途中品嚐的感動料理」為概念。每月更換的食物菜單皆附有飲料吧。鬆軟又份量大的薄煎餅以及使用甜酒取代砂糖的冰沙皆豐富多樣。店內也販售在海外尋得的雜貨、店家自製的格蘭諾拉燕麥捲（Granola）等。

◆地址／大阪府高槻市芥川町1-15-15 UIビル 3F
◆TEL／+81-70-5431-1440
◆營業時間／11點～18點（L.O. 17點）
◆公休日／週日
◆坪數、座位數／8坪、18席
◆URL／http://6e-united-cafe.favy.jp

lene cafe

提供以自家栽培的蔬菜或當地蔬菜為主的料理菜單，以及對身體溫和有益的點心。人氣午餐有白飯套餐或麵包套餐這2種，而且皆搭配蔬菜製成的多道小菜。蔬菜味道濃郁，因而只用極少量的調味料。

◆地址／埼玉縣川越市神明町1-15
◆TEL／+81-49-226-1128
◆營業時間／11點～19點（L.O. 18點）
◆公休日／週三、週四
◆坪數、座位數／14坪、11席
◆URL／http://lenecafe.exblog.jp

各店的營業時間或公休日等資訊為 2015 年 4 月當時的資料。

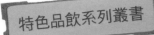

人氣酒吧賣創意！
特調飲品 & 調酒
21X29cm 128頁
彩色 定價350元

什麼都需要創意的時代，就連飲料也不例外！

嚴選日本 21 間人氣酒吧，顛覆以往開胃酒的印象，獨創飲品正引領時尚中！

「下班之後，要來一杯嗎？」

這句話，已經成為日本國民的習慣用語，隨著文化的推進，已從既定的啤酒觀念，漸漸轉為各式特調飲品，不外乎就是希望下班後能夠徹底放鬆，來一杯身心舒暢的專屬飲品。「獨創飲品」已是世界趨勢，以往的白酒、葡萄酒等等，不再是主流，本書強打「只有在本店才能喝得到」的飲品，不同的料理所搭配的飲品，展現出調酒師的超高技藝！

如果計畫開店者，不妨也將本書作為參考，透過不同比例的調和，創造出屬於自己的招牌飲品，朝著「創意調酒師」的路邁進吧！

瑞昇文化 http://www.rising-books.com.tw

＊書籍定價以書本封底條碼為準＊
購書優惠服務請洽：TEL：02-29453191 或 e-order@rising-books.com.tw

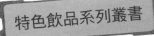

最前衛！冷飲 & 凍飲

21X26cm　　　　88頁
彩色　　定價280元

好想喝喔！超熱賣人氣飲料１００種！一次網羅日本名店的冷飲＆凍飲！

　　炎熱的夏季最想來一杯沁涼透心的冰飲，您心目中最喜歡的是哪一家店呢？常點的飲料是哪一種呢？咖啡？果汁？奶茶？本書將介紹在日本最受歡迎的冷飲＆凍飲，讓您能同步複製當地的美味喔！

　　在這裡我們將飲品分成９大類，分別是碳酸＆蘇打飲料、鮮果汁、冷凍飲料、健康飲料、和風飲料、創意咖啡、創意茶飲、巧克力＆可可飲料和雞尾酒飲料。

　　翻開本書您會發現每一款都令人愛不釋手！每一杯都想喝喝看！

　　徹底公開機密材料和細心的調配做法，搭配精美的彩圖，絕對是一本最實用、最扎實的「飲料食譜」！今年夏天就讓本書陪著您渡過美好的青春夏日吧！

瑞昇文化　http://www.rising-books.com.tw

＊書籍定價以書本封底條碼為準＊

購書優惠服務請洽：TEL：02-29453191 或 e-order@rising-books.com.tw

TITLE

人氣吧台師 創意飲品MENU

STAFF

出版	瑞昇文化事業股份有限公司
編著	永瀬正人
譯者	張華英

總編輯	郭湘齡
責任編輯	莊薇熙
文字編輯	黃美玉　黃思婷
美術編輯	謝彥如
排版	二次方數位設計
製版	昇昇興業股份有限公司
印刷	皇甫彩藝印刷股份有限公司
法律顧問	經兆國際法律事務所　黃沛聲律師

戶名	瑞昇文化事業股份有限公司
劃撥帳號	19598343
地址	新北市中和區景平路464巷2弄1-4號
電話	(02)2945-3191
傳真	(02)2945-3190
網址	www.rising-books.com.tw
Mail	deepblue@rising-books.com.tw

本版日期	2017年9月
定價	280元

國家圖書館出版品預行編目資料

人氣吧臺師　創意飲品MENU / 永瀬正人編
著；張華英譯. -- 初版. -- 新北市：瑞昇文化,
2016.05
96　面；25.7 X 21　公分
ISBN 978-986-401-095-0(平裝)

1.飲料 2.食譜

427.4　　　　　　　　　　105006596